「ゲノム編集作物」を話し合う

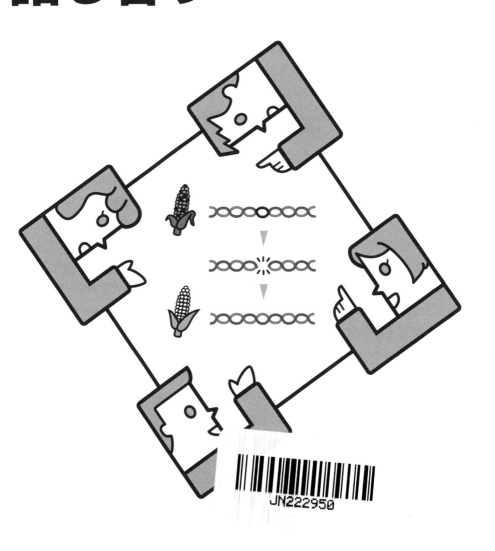

三上直之・立川雅司 著

はじめに

　最近、人工知能（AI）やロボット、ビッグデータの活用、あらゆるモノが
インターネットにつながる IoT（Internet of Things）などの発達によって、人
間にしかできないと考えられてきた複雑な仕事を機械が効率的に代替する時
代の到来が、現実味をもって語られるようになりました。

　こうした変化の中から新たな価値が生み出され、少子高齢化や多発する災
害、地球環境問題といった難題への画期的な対応策が見出されるのではない
かといった期待も高まっています。現在起こりつつある技術革新は、蒸気機
関による工業化、電力による大量生産、コンピュータなどデジタル技術の導
入につぐ「第4次産業革命」とも呼ばれています。

　他方で、急激な変化は私たちにとまどいや不安も引き起こします。人工知
能を始めとする技術の進歩に伴い、自分の仕事も近い将来、必要とされなく
なるのではないか、そのとき自分の生活はどうなるのだろうかといった思い
を、多くのひとが抱くようになっています。

　これは、先端技術の発展に伴う期待や不安の一例にすぎません。情報通信
技術に限らず、様々な先端技術の開発や利用をいかに進めていくべきかを考
えるうえで、人びとの期待や不安は大きな鍵を握っています。世間の期待が
薄く、不安ばかり強い技術が世の中に広まることは難しいでしょうから、早
い段階で、人びとの意見を聞き、それらを開発や利用の方針づくりに生かし
ていくことが求められます。

　今、こうした対応が待たれる技術のひとつに、「ゲノム編集」があります。
これは、従来用いられてきた遺伝子組換えと比べると、格段に高い精度で遺
伝子の改変を行うことができる技術で、とくに 2012 年に「CRISPR/Cas9（ク
リスパー・キャスナイン）」と呼ばれる方法が登場すると、その取り扱いや
すさから、すぐに世界中の研究室に普及しました。ゲノム編集は、遺伝子疾
患の治療など医療分野への幅広い応用が期待される、注目すべき先端生命技

術のひとつとなっています。

　このゲノム編集を、私たちの食べ物となる農作物に応用しようという研究も始まっています。そうした農作物、すなわち「ゲノム編集作物」が本書のテーマです。

　今から20年以上前、遺伝子組換え作物が商業栽培されるようになったときには、安全性や環境影響の面でのリスク、その他、社会的・倫理的な影響などをめぐって大きな論争が起こりました。米国やカナダ、ブラジル、アルゼンチンなど、大規模に栽培が行われている国もありますが、日本では消費者の懸念が強く、食用の遺伝子組換え農作物の商業栽培は行われていません。欧州でも、一部の国を除くと同じような状況です。

　新たに登場しつつあるゲノム編集作物についても、今後、消費者の認知度が高まるにつれ、不安や懸念が広がる可能性があります。私たち筆者は、そうした不安や懸念、また期待も含めた人びとの声を先取りし、それらをゲノム編集作物の開発や応用、規制のあり方をめぐる議論に生かす必要があると考え、2018年3月、一般の消費者24名のご協力を得て、ゲノム編集作物について自由に話し合っていただくグループディスカッションを行いました。

　こうした方法は、一問一答式のアンケートなどと比べると、参加者が他のひとの話も聞いて考えたうえで自らの意見を表現できることから、熟慮に基づく人びとの意見を知ることができる、という利点があります。類似のやり方は、先端技術に関する市民の意見を明らかにする方法として、約30年前から世界的に広く用いられてきており、今回もこうした方法が有効だと考えました。

　以下では、ゲノム編集作物をテーマとしたグループディスカッションのあらましと、議論の内容を報告します。とくに第3章・第4章では、参加者の議論の内容を詳しく分析しており、先端技術に対する期待と不安をめぐる人びとの話し合いの記録となっています。第5章では、このグループディスカッションを実施した後、2018年夏以降に急速に展開した、日本国内における規制についての議論の最新状況も紹介しています。

　なお、本書の題名は『「ゲノム編集作物」を話し合う』ですが、本文中には「話し合い（話し合う）」のほか、「ディスカッション」や「討論」「議論」

といった類似の表現が出てきます。厳密な定義に基づいて使用しているわけではありませんが、おおむね次のように使い分けています。

「ディスカッション」または「討論」は、今回私たちが実施した「ゲノム編集作物に関するグループディスカッション」そのものや、その中での各グループ2時間ずつのセッション全体を指します。これに対して「話し合い（話し合う）」や「議論（する）」は、上記のディスカッション（討論）中に行われた、個別具体的なやりとりについて用います。

この小冊子が、ゲノム編集作物をめぐる今後のガバナンスのあり方や、先端技術をめぐる諸問題を話し合う場のつくり方を考える際の一助となることを願っています。

目　次

はじめに …………………………………………………………………… iii

1. ゲノム編集作物と市民の視点の重要性 …………………………… 1
ゲノム編集作物とは何か ……………………………………………… 1
遺伝子組換えと同じなの、違うの？ ………………………………… 4
消費者はどう認識しているのか？ …………………………………… 5
市民の役割とは？ ……………………………………………………… 8

2. グループディスカッションの設計 ………………………………… 11
参加型テクノロジーアセスメントと市民パネル …………………… 11
市民パネル型会議のポイント ………………………………………… 13
今回のグループディスカッションの狙いと設計 …………………… 15

3. 消費者からみた可能性とリスク　話し合いの分析（1）………… 25
参加の動機 ……………………………………………………………… 25
ゲノム編集作物に対する不安・懸念 ………………………………… 28
ゲノム編集作物のメリットについて ………………………………… 41
消費者の選択 …………………………………………………………… 44
企業や研究機関に求めること ………………………………………… 46
消費者の反応を読み解くポイント …………………………………… 49

4. 規制や食品表示に対する議論　話し合いの分析（2）…………… 53
規制の必要性とその根拠 ……………………………………………… 53
規制の内容 ……………………………………………………………… 56

コラム　ドイツ連邦リスク評価研究所（BfR）による
　　　　フォーカスグループ・インタビュー ················· 58

北海道独自の規制に対する賛意 ···························· 64

その他の意見 ·· 66

ガバナンスにおいて考慮されるべき観点 ···················· 70

5. 討論後の意見と規制のあり方への視座 ···················· 75

参加者アンケートの結果 ···································· 77

国内における規制の検討状況 ································ 93

結論と残された課題 ·· 96

参考文献 ·· 101

あとがき ·· 103

付録：ゲノム編集作物に関するグループディスカッション情報資料 ···· 107

1. ゲノム編集作物と市民の視点の重要性

ゲノム編集作物とは何か

　本書を手に取った方は、おそらく「遺伝子組換え作物」(GM 作物 = genetically modified crops) ということばを耳にしたことがあると思います。遺伝子組換え作物は栽培が本格的に始まってから 20 年以上たちますが、いまだに様々な議論の的になっています。遺伝子組換え作物は、遺伝子組換え技術を作物の開発に応用したもので、通常では交配できない生物種の遺伝子を抽出し、これを別の作物に導入することで、目的とした特性を付与したものです。もともと人間は植物や動物を、農業や畜産のために改良してきた長い歴史がありますが、遺伝子組換え作物はそうした技術の延長線上に位置づけることができます。

　農作物の特性を改良することを農学などの分野では育種と呼びますが、育種に用いられる技術にはこれまで何度も大きな前進がありました。社会における科学技術の展開が育種技術にも活用されてきたといえると思います。歴史をさかのぼれば、メンデルによって遺伝法則が発見され（理科で習いましたね）、この考え方をもとにして、交配育種が始まりました。優良な特徴をもつ品種同士を掛け合わせて、よりよい品種を作り出そうとするものです。その後、交配育種は続いていきますが、たくさんの交配の組み合わせの中から優良なものを選び出すということで、今でも手間と時間がかかるものです。そのような中で大きな進展があったのは、遺伝子の本体である DNA の発見でした。ワトソンとクリックによって、細胞中の染色体の中に DNA が発見され、この物質が生物の遺伝と密接に関連していることが明らかになり

ました。DNAを変化させることができれば、遺伝によって次の代にその変化を伝えることができるのです。さらにDNAの一部を切断したうえで、ここに他の生物のDNAを導入する方法が開発され、先に述べた遺伝子組換え作物が登場することになります。コーエンやボイヤーという米国の研究者によって、遺伝子組換え実験が世界で初めて成功したのが、1973年です。遺伝子組換え技術は、その後、トマトや大豆、トウモロコシなどに応用され、1990年代のなかばから、実際に商業栽培されていきます。

　DNAに関する研究はその後も続きます。それぞれの生物がどのようなDNA配列を有しているかを特定する研究（全塩基配列の決定）や、遺伝子が相互にどう影響しあっているのかの研究などです。さらには狙ったDNAを正確に改変することを可能にするような技術が登場します。これがゲノム編集技術と呼ばれるものです。ゲノム編集技術そのものはかなり以前（20年ほど前）から存在していましたが、使い勝手やコストの問題もあり広くは

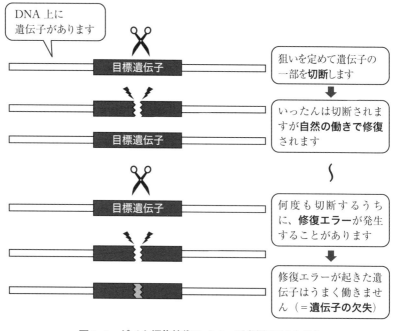

図1-1　ゲノム編集技術のイメージ（遺伝子の欠失）

利用されていませんでした。そのような状況が一変したのは、2012年頃に CRISPR/Cas9（クリスパー・キャスナイン）と呼ばれるゲノム編集技術が登場したことがあります。この技術では、非常に低コストで手軽に、また正確な DNA 改変を行うことができるようになりました。

　図1–1 をご覧ください。この図では、ゲノム編集技術により遺伝子の欠失が起きる仕組みが説明されています。DNA の配列を読み取って、正確に狙いを定めた場所の DNA をハサミのようなもの（ヌクレアーゼ・タンパクなど）で切断します。DNA はもともと自己修復機能を自然に備えていますので、切断された箇所は通常元通りになります。しかし、ゲノム編集技術で何度も切断されると、まれに DNA が修復に失敗することがあります（修復エラー）。この失敗により、もともとの DNA が変化してしまうと、その場所にあった遺伝子の機能も失われてしまいます。特定遺伝子の機能を失わせる（欠失）ことを目的としていた場合には、このような形で、正確に遺伝子の改変ができたことになります。図では説明していませんが、研究者が設定した通りの塩基に一部を置き換えることも可能です。すなわち、ゲノム編集技術は狙った DNA を正確に改変する技術ということができます。

　このような技術ですから、様々な生命科学分野の研究者が注目しました。農作物の育種分野の研究者も例外ではありません。これまでの交配育種以上に、正確に遺伝子を変化させることができれば、新しい品種を育成するために要する費用や時間も節約できるのではないかと期待されたからです。通常の交配育種であれば、品種同士を掛け合わせても、良い性質も生まれれば、悪い性質も生まれてしまう可能性があります。狙いを定めた遺伝子の部分を DNA 上で特定し、その部分だけを改変させることができれば、品種改良の時間も節約できるのではないかと多くの研究者は期待しています。そして、こうした改変を行ったものが遺伝子組換え作物とみなされることなく、一般の交配育種でつくられたものと同じ品種として扱われるのであれば、新しい育種手法として大いに取り入れたいと考える種子会社も多いと考えられます（立川 2018）。

　このように育種に関する技術は関連する生命科学分野の展開に大きな影響を受けながら進んできました。ここではあまり触れませんでしたが、放射線

や化学物質を用いて、突然変異を人為的に起こさせ、変化した多数の作物の中から、有用なものを見つけ出し、それを育種の材料に使う技術も存在します。実際、すでに私たちが食べている作物や果樹の中にはこうした人工的な突然変異を用いたものも多数あります（梨のゴールド二十世紀など）。また細胞を冷蔵庫などで保管（培養）するうちに遺伝子が変異することもしばしばあり、その中から有用なものが見つかることもあります（イネのゆめぴりかなど）。これらは遺伝子が様々な形で変化したものから有益なものを事後的に探し出すわけですから、偶然に左右され、非常に労力と時間がかかります。その点、ゲノム編集は、狙ったところに変異を起こさせることができるということですので、育種のための効率性が格段に高まると期待されているのです。

遺伝子組換えと同じなの、違うの？

　ここまで読まれた方は、DNAを操作して、作物の改良に結び付けようとするという点では、遺伝子組換え作物と同じではないか、と考えるかもしれません。確かにその通りです。人工的に遺伝子を変化させている技術を使っているものをすべて遺伝子組換え作物ととらえるのでしたら、その通りです。

　しかし、ここには様々な論点があります。具体的には、①遺伝子改変の方法、②外来遺伝子（交配できない生物からの遺伝子のことで、有益な特性を導入するために取り出されたものです）の有無、③改変によるリスクの可能性、④法令上の定義などです。これらの４つの観点は、遺伝子組換え作物が登場したばかりの時には、互いに矛盾なく、うまく調和がとれていました。つまり、細胞外で作成された（①）、外来遺伝子（②）を導入することはリスク（③）が大きいかも知れないので、こうした技術から生み出された生物を遺伝子組換え生物と法律において定義（④）して、規制対象としていたのです。

　ところが、外来遺伝子を導入せず、何らかの物質（タンパク質など）を細胞内に導入して、塩基の一部だけを改変するような技術が生まれ（これがゲノム編集技術）、内部の遺伝子だけを一部改変したものが作られるようになり

ました。こうして作られた作物はこの定義に入るのでしょうか、またリスクがどの程度あるのでしょうか、当然ながら意見が分かれます。推進したいひとたちは、遺伝子組換えではない（したがって規制するべきではない）と主張しますし、懸念を抱くひとたちは、遺伝子組換えと同じではないか（したがって規制するべき）と考えます。2010 年前後から、このような問題があることに気が付いた世界の国々は、科学者や法律家などに意見を聞きながらいろいろと検討を進めてきました（まだ決着がついていない国も多数あります）。ですので、ゲノム編集作物と遺伝子組換え作物が同じなのか、違うのかという点は、立場により異なる意見があり、まだ議論されている途中段階です[1]。

消費者はどう認識しているのか？

　ゲノム編集技術は医薬や農業・食品などライフサイエンスの様々な分野に革命的な影響をもたらす技術として期待されています。しかし、研究開発する人びとは、その成果が社会の中で実際に使われていくためには、まだ大きな 3 つの課題があると考えています。すなわち、(a) 規制・政策の問題、(b) 特許などの知的財産権の問題、そして (c) 消費者の理解です。とくにこの最後の問題は、最終的に商品として利用・購入されなければそもそも開発する意味がないという点で、開発企業にとっては死活的な問題となります。しかし、これまでのゲノム編集技術の研究開発過程を見る限り、市民社会との連携（パブリック・エンゲージメント）は活発ではありませんでした。

　これはパブリック・エンゲージメントの重要性が強調されてきた欧州においても同様です。欧州では 2007 年頃から新たな育種技術 (new breeding techniques) として、ゲノム編集を含む様々な技術が科学者や規制担当者の間で議論されてきましたが、市民との対話を行った事例はほぼ皆無です[2]。過去

1　大きくはプロセスベースの立場とプロダクトベースの立場に分かれます。日本はプロダクトベースの立場にたつと考えられています。詳しくは、立川 (2017) などを参照。

2　最近、ドイツなどでようやく始まったところです (BfR 2017)。

に遺伝子組換え作物などをめぐって様々なエンゲージメントの実践がなされた欧州にあって、この点は非常に理解に苦しむ点です。取り扱っている技術が（遺伝子組換えよりも）一層複雑になっていることだけが原因ではないかも知れません[3]。

　市民との対話、パブリック・エンゲージメントがなぜ重要かという点に関しては、ゲノム編集技術に対する認識に関して、研究者と市民との間で大きな違いが存在するという点があります。筆者のひとりが関わったウェブアンケート調査では、ゲノム編集に対する「ベネフィット」、「安全性」、「不安」という3つの観点から、一般消費者と研究者[4]との間での回答傾向の違いを調査しました（表1–1、立川・加藤・前田 2017；加藤・前田・立川 2017）。詳しい内容は省略しますが、ベネフィット（食料供給に役立つ、人びとの健康のために役立つなど）に対しては、半数以上の消費者が肯定的に評価しています。他方、安全性への懸念（安全性の確認が不十分、予期せぬ悪影響があるなど）についても、やはり過半数の消費者が肯定しており、ベネフィットもあれば安全性でもなお課題があると感じています。

　特徴的なのは消費者と比べると研究者は、ベネフィットをより大きく感じると共に、安全性の懸念は小さく感じているという点です。研究者と消費者との考え方の違いが最も大きく表れているのは、不安に関する質問、具体的には「よく理解できずなんとなくこわさを感じる」という質問への回答です。この質問に対して肯定的に回答している割合は、研究者ではわずか12%程度であるのに対して、消費者では46%ほど、半分近くにのぼります。研究者にとってゲノム編集は、ライフサイエンス上の手法（ツール）の革新ではあっても、理解を超えるような新規性を有しているわけではなさそうなの

---

[3]　これらの技術を「育種技術」と呼んでいたことからも推察できるように、当初から、市民に対するエンゲージメントは必要ないものと（希望を込めて）理解されていた節があります。そもそも遺伝子を操作していることは同様であるものの、これを「組換え」（modification）ではなく「編集」（editing）という形で呼ぶことにも、こうした意図が現れているともいえます。

[4]　ライフサイエンス研究者が約7割を占めます。

表 1–1　ゲノム編集作物に対する研究者と消費者の認識

		そう思う	ややそう思う	あまりそう思わない	そう思わない	どちらともいえない
食料の安定供給に役立つ	研究者(n=197)	52.3%	37.6%	6.1%	2.0%	2.0%
	消費者(n=3000)	21.4%	52.6%	11.5%	4.1%	10.3%
人々の健康のために役立つ	研究者(n=197)	39.1%	34.5%	15.7%	4.6%	6.1%
	消費者(n=3000)	11.3%	39.4%	24.2%	8.5%	16.6%
安全性の確認が不十分である	研究者(n=197)	16.2%	29.4%	25.4%	24.4%	4.6%
	消費者(n=3000)	19.4%	40.7%	22.2%	5.1%	12.5%
予期せぬ悪影響がある	研究者(n=197)	16.2%	28.9%	21.3%	25.9%	7.6%
	消費者(n=3000)	17.1%	40.9%	21.5%	5.8%	14.7%
良く理解できずなんとなくこわさを感じる	研究者(n=197)	2.5%	9.1%	12.2%	71.1%	5.1%
	消費者(n=3000)	10.9%	35.4%	26.9%	12.0%	14.8%

出典：立川・加藤・前田 (2017)；加藤・前田・立川 (2017)[5]

に対して、消費者にとってはそもそも遺伝子を操作する技術というのはよく理解できず、したがってこわさを感じるということがアンケート調査結果から示されています。ただし、この「こわさ」の背景には様々な要因があるように思われます。

　遺伝子を操作する技術が消費者にとって、どのような意味での「こわさ」に結びついているのかという点は、消費者がもつ経験や因果連関の理解と結びつけて初めて理解することができるのかも知れません。その意味で、このような消費者が抱く印象がどのような点から生じているのか、グループ討議

5　質問項目については、JSPS 科研費「ゲノム科学に対する一般市民、患者、研究者の意識に関する研究」(JP17019024 研究代表者：山縣然太朗) で使用した質問項目を代表者の許可を得たうえで一部改変して使用しました。

ではその内容や背景に関して、実際の「語り」として引き出すことができるのではないか、というのが筆者たちの問題意識です。第3章以降でも具体的に議論されている通り、こうした参加者一人ひとりが提起する疑問や対話の中で、ゲノム編集技術を人びとがどのように受け取っているのかが浮かび上がりました。ウェブアンケートで示された回答の背後にある人びとの認識(civic epistemology)(Jasanoff 2005)[6] が浮かび上がったということができます。以下の章では、具体的にグループ討議をどのように設計したかを論じたうえで、ゲノム編集に関する安全性などの認識、規制などに対する考え方などの観点から、人びとの認識を浮き彫りにしていきたいと思います。

市民の役割とは?

　このような認識上の特徴を踏まえたうえで、私たちは科学技術に関わる政策決定で、市民の視点が重要な役割を果たすと考えています。最後にこの点を述べて、本章を締めくくりたいと思います。

　Jones and Irwin(2010)は、科学に基づく政策決定において、市民が様々な役割を果たすことができると指摘しています(詳細は立川・三上編著(2013)参照)。詳細は割愛しますが、様々な役割の中でも筆者が重要と感じるのは、「科学的知見の妥当性を社会的文脈に照らして判断し、より広い社会的観点から意見を述べる」(社会的基礎づけ)、「科学的知識がもたらす社会的懸念に関して意見を述べる」(補完的専門家としての市民)、「科学的知識の暗黙の仮定等を批判する」(批判的専門家としての市民)という3つの役割です。市民は科学的な知識そのものに詳しいとは限りませんが、生活者としての実感をもち、ものごとを多面的に見たり、研究者とは異なった時間軸

6　Jasanoff(2005)は civic epistemology という用語で、科学がどのような政治的な文脈のもとで信頼に足るものとされてきたのか、こうした側面まで視野に収めて科学のあり方をとらえるような見方が人びとの間に存在していることを示しました。科学を取り巻く様々な文脈を推し量りながら、また過去の経験にも照らしながら、科学技術の可能性や問題などを人びとは感じ取っているものと考えることができます。

で見たりしながら日々生活しています。こうした市民が集まって互いに議論する中で、互いに気づきを得ながら、科学技術に対するそれぞれの考え方を確認していく場を作り出すことができるのではないかと思います。こうした中で、Jones and Irwin（2010）が指摘したような、研究者が見落としていた点や配慮すべき点が明らかになることも多いと思います。

　ゲノム編集をめぐっては、市民との対話やステークホルダーを巻き込んだ活動（パブリック・エンゲージメント）が今まさに求められているといえます。今後ますますこうした活動が広がることを期待しています。

2. グループディスカッションの設計

参加型テクノロジーアセスメントと市民パネル

　すでに述べてきたように、新たな技術を開発し、社会に導入する際には、その技術の専門家だけで物事を決めるのではなく、様々な立場の市民の意見も取り入れながら進めていくことが大切です。ゲノム編集作物のように、自然環境や私たちの健康、生活、社会や経済にも大きな影響を与えそうなものについては、そのことがとくに重要になります。

　とはいえ、対象となるのは新しい技術ですから、私たちはその中身をよく知りません。突然、意見を求められても、どう答えてよいものか困ってしまいます。いったいどうすればよいでしょうか。

　世界的にみると、新しい科学技術の導入や、それらが私たちの生活や社会に与える影響について、幅広い市民の意見を反映させる必要性が、ここ数十年の間で徐々に認識されるようになり、そのための様々な方法が編み出され、試みられてきました。

　一例として、参加型テクノロジーアセスメントというしくみがあります。もともとテクノロジーアセスメントというのは、新たな科学技術が社会や経済に与える影響を事前に評価し、その結果を政策決定の参考にするための制度で、1970年代に米国の連邦議会で本格的に始まりました。社会的、倫理的な視点も導入した、技術の多角的な評価が行われるようになったわけですが、当初、その主な担い手は、対象となる技術の専門家や、関連する分野の研究者などでした。1980年代に入ると、このしくみが欧州諸国でも導入されるようになり、その際、いくつかの国々で、テクノロジーアセスメントを

専門家以外の幅広い市民や利害関係者も加わって行う動きが出てきました[7]。これが参加型テクノロジーアセスメントの始まりです。

　参加型テクノロジーアセスメントの具体的な手法として、コンセンサス会議があります（三上 2012）。これは、1980 年代にデンマークで考案され、その後、欧州諸国を始めとして世界中で広く用いられてきたやり方です。社会の縮図となるよう集められた、年代や職業、居住地域などが異なる 15 名程度の市民が、対象となる技術について議論します。事前にバランスのとれた情報提供を十分に受け、途中で専門家とも意見交換する時間もとりつつ、しかしあくまでもこの 15 名の市民が主役となって議論を進めます。数回の週末を使って、断続的に計 5 ～ 8 日間程度議論をし、最終的には 15 名の合意で政策提言をまとめます。このコンセンサス会議の方式は、1990 年代から 2000 年代前半にかけて、日本を含めて世界中で活発に用いられました。一部の国々で商業栽培が始まっていた遺伝子組換え作物も、世界各地で議題として盛んに取り上げられました。

　日本には、米欧のようなテクノロジーアセスメントの制度はありませんが、コンセンサス会議の手法は 1990 年代後半に紹介され、遺伝子組換え作物を議題とした会議も開かれました。遺伝子組換え作物に関するコンセンサス会議は、2000 年に農水省の外郭団体が実施したのに続き、2006 年から 2007 年にかけては北海道が主催して、道内における遺伝子組換え作物の栽培に関して、全道から募った男女 15 名の市民が 5 日間にわたって議論して政策提言を行いました[8]。北海道には遺伝子組換え作物の栽培を規制する独自

7　日本でも、テクノロジーアセスメント的な活動は様々な形で行われてきましたが、これまでのところ、米欧のように制度化されるには至っていません。日本におけるテクノロジーアセスメントの展開については吉澤（2009）、城山ほか（2010）を参照。なお、米国連邦議会におけるテクノロジーアセスメントの制度は、経費削減を主眼とした議会改革の動きの中で 1995 年に専門組織が廃止されましたが、その後も形を変えて行われています（田中 2007）。

8　日本へのコンセンサス会議の導入や、2000 年に行われた遺伝子組換え作物に関するコンセンサス会議については、小林（2004）、若松（2010）に詳しく記録されています。北海道のコンセンサス会議については、小林（2007: 219–258）、三上（2007）、

の条例がありますが、コンセンサス会議の政策提言は、こうした規制のあり方を検討する際の参考意見として用いられました。

　科学技術についての評価や議論に限らず、一般に、社会の縮図となるようなひとたちを集めて話し合いを行い、その結果をとりまとめて政策決定の参考などにする方法は「市民パネル（型会議）」とか、「ミニ・パブリックス」と呼ばれます[9]。とくに後者の呼び方は、くじびきなどの方法を用いて、より厳密に社会の縮図となる参加者を募るような方法の場合に使われることが多いようです。コンセンサス会議は、こうした市民パネル（またはミニ・パブリックス）の方法を、新しい技術の社会的な影響の評価に用いた先駆的な例ということができます。

市民パネル型会議のポイント

　先端技術のような専門性の高い話題や、込み入った社会問題について、市民パネルを用いて議論の場をつくろうとする際、いくつか大事なポイントがあります。

　まずは、参加者選びです。すでに説明したように、議題についての専門家や、強い意見や関心をもったひとに偏らないように、社会の縮図となるような幅広い参加者を集めます。この際、住民基本台帳や選挙人名簿などを使い、そこから無作為抽出したひとたちに招待状を送って参加者を募る、といったことが行われることもあります。そこまで徹底した方法をとることが難しい場合も、年代や性別、職業、居住地域などのバランスを考慮しながら、参加者を集めるようにします。話し合われるテーマにもともと強い関心のないひとたちの参加を得やすいよう、交通費や謝金が支給されることもあります。また、比較的少人数で行う市民パネルでは、議論のテーマについてあらかじめ明確な意見や、高度な専門知識をもっているひとには参加を遠慮してもらうこともあります。他の参加者に強い影響を与えてしまったり、議

渡辺（2007）を参照。

9　ミニ・パブリックスについては、篠原編（2012）、三上（2015）を参照。

論の結果が社会全体の意見の動向に照らして特定の傾向をもったものになったりするのを避けるための工夫です。

つぎに、参加者への情報提供も重要なポイントです。専門家や直接の利害関係をもつひとではなく、一般から幅広く参加者を集めるわけですから、参加者の多くは、選ばれた時点では議題について予備知識や詳しい情報をもっていません。そこで、参加の前に、テーマについて基礎的な情報を得て、理解を深めることができるようなしかけが組み込まれるのが一般的です。例えば、予習用の情報資料を事前に参加者に届けたり、会議当日、議論を始める前に、議題の要点を解説した映像資料や講義を提供したりといった方法がとられます。さらに踏み込んだ情報提供が必要な場合には、話し合いの合間に、専門家に話を聞いたり、質問したりする時間が設けられることもあります。

そして、話し合いです。異なる経験や価値観をもつひと同士が、情報を得た上でじっくりと話し合う、というのが、市民パネルの肝です。ただ意見を集めるだけなら、ウェブや電話、郵便などを使ったアンケート調査の方が効率的ですし、集まって話し合ってもらうよりもかえって幅広いひとたちの意見を集められるでしょう。しかし、そうした調査で得られるのは、問題の本質を十分に理解したり熟考したりしないまま、直感的に反応した回答になりがちです。

市民パネル型会議の利点は、予備知識を得た上で、たとえ限られた時間であっても、他の参加者と意見交換しながら、自分の意見を固めたり、見直したりすることができる点にあります。コンセンサス会議のように最終的に全員の合意で意見を集約することを目指すようなやり方もあれば、参加者同士の合意は求めず、話し合い後の意見集約は投票やアンケートなどの形で行うやり方もあります。いずれのやり方であっても、多様な意見をもつ参加者同士の話し合いを通じて、参加者は問題を新たな角度からとらえなおし、じっくりと考える機会を得て、そして多くの場合、議論に参加する前とは意見が変わるということが知られています。このようにじっくりと話し合いつつ、考えるプロセスは、熟議(deliberation)とも呼ばれます。

以上のように、市民パネル型会議の活用にあたっては、専門家や直接の利害関係者に限らず社会全体の縮図となるような多様な市民が、バランスのと

れた情報提供を受けつつ、熟議することが大切です。こうした過程を経て得られた意見は、社会の中で論争の的となりうる新たな技術の活用の方向性を決めるうえで、貴重な参考情報となります。

今回のグループディスカッションの狙いと設計

　筆者らは現在、ゲノム編集作物が社会に与える影響や、今後の規制を含めた対応のあり方を探る研究を進めています。その一環として、ゲノム編集作物について消費者がどのように感じ、どのような意見をもっているかを把握する必要がある、と考えました。そこで、上に述べたような市民パネルの考え方を応用する形で、2018年3月3日、筆者のひとりの勤務先である北海道大学において、簡易な市民パネルとアンケート調査とを組み合わせたグループディスカッションを実施しました。

　この企画は、過去に行われた遺伝子組換え作物に関するコンセンサス会議のように、自治体の政策決定などに用いることを直接に意図したものではありません。それでも、市民パネル型会議の考え方を生かすことで、熟議に基づく消費者の意見によりよく迫ることができると考えました。

　ちなみに、グループディスカッションに類似した手法として「グループインタビュー」があります。両者の間に本質的に大きな違いはありませんが、グループインタビューの方は、その名の通りインタビューですので、研究者や調査実施者が、対象である回答者に質問を投げかけて話を聞かせてもらうというのが、基本的な目的です。様々な理由から、1対1で話を聞くよりも複数のひとにまとめて話を聞く方が有効だと思われる場合、グループインタビューの形式が用いられます。例えば、短時間で効率的に多数の回答者の話を聞きたいという場合もありますし、より積極的に、回答者同士が他のひとが話すのを聞いて触発しあいつつ出てくる意見を集めたいという意図で行われる場合もあります。とりわけ後者のように回答者同士の相互作用を強く意図している場合は、実質的にはグループディスカッションと大差はないとい

えます[10]。

　今回は、参加者に、あらかじめ定まった質問への回答をお願いするより
も、自分とは異なる意見も聞きつつ、一緒に話し合いながら論点について考
えを深めてほしい(そしてそうした熟議を経た意見を知りたい)というのが、
私たちの意図でした。そこで、参加者同士での話し合いという意図がスト
レートに表現できる「グループディスカッション」の名称を用いました。

　それでは以下、ゲノム編集作物に関するグループディスカッションをどの
ように行ったのかを詳しくご説明します。

(1) 参加者募集の方法

　今回は研究の一環として小規模に行うディスカッションであり、全国から
参加者を募るような大じかけの市民パネルを組むことは難しいため、参加者
募集の範囲を開催場所である北海道札幌市を中心とした、札幌圏(札幌市と
その周辺8市町村、人口計約250万人)の20歳以上の男女、ということに
しました。

　「社会の縮図」という意味では、参加人数が多い方が多様なひとを含むこ
とができて都合がよいのですが、今回は約2時間である程度つっこんだ話し
合いができる人数として、6名ひと組のグループをつくることにし、20代
〜30代、40代〜50代、60代以上の男女各1名ずつを集めることにしまし
た。集まるひとの背景やその組み合わせによって、どんな意見が引き出され
るかは変化しうると考え、できるだけ多様性を確保するため、同じような6
名のグループを4個つくることにし、計24名を募集しました。

　募集にあたっては、対象のエリアである札幌圏に住所のあるひとをカバー
した名簿(住民基本台帳など)から、くじびきなどで候補を抽出するのが理想

10　これらの方法は、特定の話題について、狙いを定めた少数のグループのひとた
ちに話を聞くという意味で、「フォーカスグループインタビュー」とか「フォーカス
グループディスカッション」、あるいは単に「フォーカスグループ」と呼ばれること
もあります。社会科学の調査研究におけるフォーカスグループの手法については、
フリック(2011)を参照。

表 2-1　遺伝子組換え作物・食品に対する意見分布の調整

設問		選択肢	各グループにおける人数	【参考】2014年度道民意識調査における割合
問A	遺伝子組換え作物及びそれを使った加工食品の安全性について、どのように思いますか。	1. 不安に思う	2名	48.0%
		2. やや不安に思う	2名	32.4%
		3. あまり不安に思わない	1名	10.3%
		4. 不安に思わない		2.0%
		5. わからない	1名	5.1%
問B	遺伝子組換え作物を栽培することによる自然や環境への影響について、どのように思いますか。	1. 不安に思う	2名	48.0%
		2. やや不安に思う	2名	31.8%
		3. あまり不安に思わない	1名	8.7%
		4. 不安に思わない		1.5%
		5. わからない	1名	7.6%
問C	遺伝子組換え技術の試験研究について、どのように思いますか。	1. 試験研究は全面的に禁止すべき	1名	13.2%
		2. 試験研究は推進すべきだが実用化は当面見送るべき	2名	27.1%
		3. 試験研究は推進すべきだが実用化は一部の用途に限定すべき	2名	43.9%
		4. 実用化に向けた試験研究を積極的に推進すべき	1名	8.3%

的ですが、今回はやや簡便な方法として、民間のウェブ調査会社の協力を得て、同社が保有している調査協力者（モニター）の方々を対象として募集を行うことにしました。こうしたやり方も、ある地域や国全体の縮図となるよう市民パネル型会議の参加者を募集する際、国内外で広く用いられています。この調査会社の場合、全国に調査協力者がいて、札幌圏だけでも、多様な属性をもった約1万7000名の協力者を抱えているとのことです。こうしたひとたちに幅広く募集をかけることで、社会の縮図に近い参加者をリクルートできると考えました。

　私たちは、今回のグループディスカッションの企画趣旨と、事前の予習や当日の所要時間、謝礼などの条件をまとめ、調査会社を通じて、グループディスカッション実施の約2週間前の2月中旬、参加者募集を行いました。インターネットを通じて即座に約300名の応募があり、その中から、年代と性別の組み合わせと、出席可能な時間帯などの条件に基づいて、6名ひと組のグループを4個つくれるように参加者を選びました。

　この際、4つのグループがそれぞれ、今回のゲノム編集作物というテーマ

表 2–2　参加者のプロフィール

年代		職業	
30 代	8 名	農林水産業	0 名
40 代	5 名	自営の商工業	0 名
50 代	3 名	専門・自由業	4 名
60 代	7 名	管理職	0 名
70 代以上	1 名	事務系の勤め人	8 名
		作業系の勤め人	2 名
性別		専業主婦・主夫	7 名
男性	12 名	学生	1 名
女性	12 名	無職	1 名
		その他	1 名

に即して一般消費者の縮図にできるだけ近づくよう、年代と性別以外に 2 つの条件を加えました。第 1 に、このテーマについての「専門家」を対象から除くことです。仕事や研究、NPO 等の活動でゲノム編集作物や遺伝子組換え作物を専門的に扱っているかどうかを募集時に質問し、該当するひとには、今回、参加をご遠慮いただく形にしました。第 2 に、ゲノム編集作物に対する考え方は、先に出回っている遺伝子組換え作物・食品に対する意見と強い関連があると思われますので、遺伝子組換え作物・食品についての各グループでの意見分布を、過去に実施された道民意識調査の結果と近似させるようにしました。この意識調査は道が数年に 1 度、行っているもので、グループディスカッションの実施時点では、最新のものは 2014 年度分でした。道内に住む 20 歳以上のひと 1,900 名を対象に、遺伝子組換え作物・食品の安全性や、遺伝子組換え作物の栽培による環境への影響、遺伝子組換え技術の研究のあり方など計 7 問について聞くものでした（回収率 45.8%）。この中から主な 3 つの設問を今回の募集時に調査協力者に対して行い、各質問への回答者数が、それぞれ表 2–1 のような構成になるよう参加者を組み合わせました。

　年代、性別、遺伝子組換え作物・食品への意見の観点から、同じ条件の応募者がいる場合、あとはくじびきで選びました。

　最終的には、表 2–2 の通り計 24 名の参加者を選ぶことができました。

(2) 情報提供と 3 つの論点

　事前の情報提供としては、私たちの方で作成した情報資料（本書巻末に付録として掲載）を、調査会社を通じて 24 名の参加者全員に送付し、当日までに目を通してきてもらいました。

　情報資料は A4 判全 8 ページ。ゲノム編集技術とは何か、またその農作物への応用（ゲノム編集作物）の現状について解説したほか、背景として、農作物の育種や、先に広く出回っている遺伝子組換え作物に関する基礎情報も盛り込みました。すでに社会的に意見が分かれている遺伝子組換え作物や、これから議論しようとするゲノム編集作物に関しては、それらの利点や可能性と、問題点や懸念が寄せられている点とがバランスよく伝わるように配慮しました。

　今回は、6 名で何かひとつの結論を出すことを目的とするのではなく、ゲノム編集作物について、基礎的な情報も得ながら他のひとと話し合い、いろいろな角度から意見交換することが目的です。ただ、ある程度は焦点が定まっていないと議論しにくいものですし、喫緊の課題として、日本国内でこのゲノム編集作物に対してどのような規制を行うべきか（または規制は行うべきではないか）を判断していく必要があります。そこで、この規制の問題も含む形で、表 2-3 に掲げた 3 点を「話し合っていただきたい論点」として設定し、情報資料に掲載するともに、当日のガイダンスでも参加者に説明しました。

表 2-3　ディスカッションの論点

(1) ゲノム編集作物には、どのような可能性や問題点があると感じますか。ご自身の生活や、社会全体への影響など、さまざまな観点からお話しください。とくに、将来的にゲノム編集作物が市場に出回ることがあるとして、ご自身やご家族がそれらを食べることについてどのように思いますか。
(2) 日本では、ゲノム編集作物に対して、食品としての安全性や、環境への影響といった観点から、遺伝子組換え作物と同じような規制をすべきでしょうか、それともそのような規制は必要ない、もしくはすべきではないでしょうか。
(3) 北海道には現在、遺伝子組換え作物の栽培を規制する独自の条例があります。ゲノム編集作物の北海道内での試験栽培や商業栽培について、今後どのように対応していくべきだと思いますか。

当日、ディスカッションを開始する前に質疑の時間を設け、情報資料に関する疑問点に筆者のひとりである立川が答えました。こうした限られた情報提供で、完全に疑問を解消してもらうことは困難ですし、そもそも、今回のような市民パネルでは、何に疑問を感じているかも含めて話し合うことに意義があります。貴重な時間をあまり多く質疑に割いてしまうのは、もったいない面があるわけですが、それでも比較的単純な疑問についてはできるだけ解消したうえで、ディスカッションに臨んでもらえればと考えました。20分を限度として質疑応答を行い、表2–4に掲げたような質問が出されました。

(3) 議論の進め方

いよいよ、ディスカッションの始まりです。今回は、会場や進行役の人数の制約などから4グループを並行して行うのではなく、午前と午後にそれぞれ2グループに集まってもらって進めました。表2–5にあるように、午前と午後とでまったく同じ時間割です。質疑応答のところまでは2グループ合同（12名）で行い、その後、6名ずつのグループに分かれてディスカッションを行いました。

市民パネル型会議では、参加者の他に、ファシリテーターとか、モデレーターと呼ばれる、議論が活発に円滑に進むよう手助けする進行役がグループに加わるのが一般的です。今回も、各グループにひとりずつファシリテーターを配置しました。ファシリテーターは、筆者のひとりである三上の研究

表2–4　討論前に出された主な質問

・遺伝子「組換え」と遺伝子「改変」とはどう違うのか
・アグロバクテリウムとは人間にとって良いものなのか、悪いものなのか
・遺伝子組換え作物とゲノム編集作物の違いは何か
・ゲノム編集をしてできあがったものは、その部分しか本当に変わっていないと証明できるのか
・カルタヘナ法とはどういうものか
・今の日本の食品表示では、遺伝子組換え食品であるかどうかはどのような基準で判断されているのか
・外国における栽培や規制の状況はどうなっているのか

2. グループディスカッションの設計　21

表2–5　当日のプログラム(2018年3月3日、北海道大学)

内容	午前の部	午後の部
討論前アンケート	〜 10:10	〜 14:40
ガイダンス・質疑応答	10:10 〜 10:40	14:40 〜 15:10
ディスカッション前半	10:45 〜 11:40 頃	15:15 〜 16:10 頃
	休憩	休憩
ディスカッション後半	11:45 頃〜 12:35	16:15 頃〜 17:05
討論後アンケート	12:35 〜 12:55	17:05 〜 17:25

室で、科学技術コミュニケーションを学んでいる社会人学生たちが務めました。4名ともグループディスカッションやワークショップの進行の経験が豊富なメンバーです。

　今回は、自由な発想で様々な角度から意見を交わしてもらうことが狙いですので、促進役、支援役に徹するという趣旨で、私たちとファシリテーターを担当した4名との間で、次のような方針を共有して臨みました[11]。

・ディスカッションの目的は、ゲノム編集作物について、非専門家の立場から多様な意見や感想を自由に述べ、話し合ってもらうです。ファシリテーターは、そうした発言や議論を促し、手助けします。

・ファシリテーターによる介入は、少なければ少ないほど理想的です。できるだけ参加者自身に話してもらうようにします。

・議論内容についての意見は絶対に言わないでください。言葉で明示的に述べるのはもちろんのこと、表情や視線などの非言語的な形でも、内容に関する意見・感想を漏らさないよう配慮してください。

・参加者の不安や緊張をほぐし、話しやすい雰囲気をつくってください。

・特定の人ばかりが多く話しつづけることにならないよう、平等な発言の機会が提供されるよう配慮してください。

・「インタビュー」ではなく「ディスカッション」となるよう、参加者がファ

11　この方針を作成するにあたっては、過去の市民パネル型会議、とくに討論型世論調査でのモデレーター(ファシリテーター)のマニュアル(BSE問題に関する討論型世論調査実行委員会 2013：133–146)を参考にしました。

シリテーターに向かって話すのではなく、他の参加者と話し合えるように進めてください。

　また参加者にも、ディスカッションを始める前に、進め方について次のようにお願いしました。

・3つの論点を中心に、思ったこと、感じたことを率直にお話しください。正解・不正解などはありません。
・お互いに敬意をもって、自分とは異なる意見にも耳を傾け、話し合ってください。
・話し合いの途中で意見が変わっても構いません。意見の変化も含めて積極的にお話しください。
・グループの中で合意を図ったり、意見をとりまとめたりする必要はありません。
・ファシリテーターは、話し合いが円滑に進むよう進行をお手伝いしますが、意見を述べたり、解説をしたりはしません。

(4) ディスカッションの分析方法と参加者アンケート

　このディスカッションでは、グループ内で意見をとりまとめてもらうことはしませんでした。私たち筆者は、参加者の発言内容をすべて録音して書き起こし、その内容をこの後の第3章・第4章で展開した通り分析しました。

　各グループの約2時間のディスカッションを書き起した文字数は、グループによって長短がありますが、およそ3万5000字から4万1000字で、4グループ分を合わせると約15万1000字（400字詰め原稿用紙378枚相当）となりました。

　参加者の1回の発言には1分以上続く長いものもあれば、1単語から数単語程度の短いものもありますが、便宜的に、長いものも短いものも含めて、1回の発言をひとつの単位として、分析しました。ちなみに、ファシリテーターを除く各グループ6名の合計発言数は、最少が131、最大が411で、4グループ合わせて1025発言でした。

2. グループディスカッションの設計 23

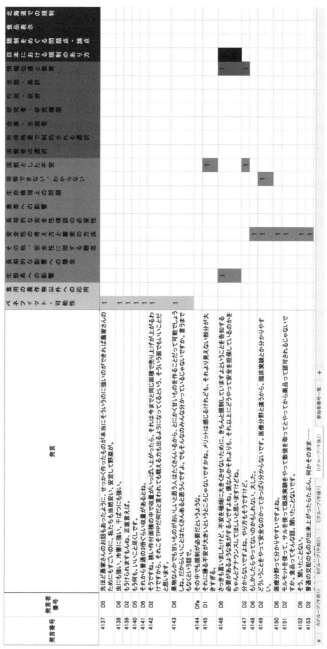

図 2-1 ディスカッションの発言の分析に使用したデータ

24

表2-6　話し合いの分析から抽出されたキーワード

・現代の食や農、健康をめぐる諸問題／従来育種との共通点・相違点／GM作物
　との共通点・相違点／ゲノム編集作物の現状と将来の見通し／北海道農業
・ベネフィット・可能性／食用の農作物以外への応用
・生態系への影響／長期的な影響への懸念／その他、安全性に関する懸念／安全性
　の考え方と審査の方法／長期的な安全性確認の必要性／農業への影響／生命倫
　理上の問題／理解できない、わからない／漠然とした不安
・消費者の選択／所得格差で制約される選択／企業・生産者／研究者・研究機関／
　行政・政府／世論・風評／情報伝達と教育
・日本における規制のあり方／規制をめぐる問題点・論点／食品表示／北海道での
　規制

　録音から書き起こしてコンピュータに入力した発言の文字データを、2名の
筆者が別々に、話の流れに沿って読み込み、それぞれの発言の要点をキー
ワードの形でまとめていきました（このような作業を「コーディング」と呼
びます）。ある程度まとまった長さの発言だと、ひとつの発言の中に複数の
要素が含まれることもありますので、そのような場合、複数のキーワードが
付与されることになります。

　筆者がそれぞれ、このコーディングの作業を行い、その結果を交換して
チェックし合い、お互いのコメントを参考に検討する、というプロセスを数
回にわたって繰り返しました。最終的には、表2-6に示す27個のキーワー
ドを抽出し、各発言にこの27個のキーワードを付与しながら、分類しまし
た（図2-1）。

　この発言内容の分析の他に、参加者の意見の傾向を主要な論点に沿って一
覧し、討論の前後での意見の変化を把握できるよう、当日、会場に到着した
時点（討論前）と、ディスカッションが終了し解散する直前（討論後）の2回、
同じ内容のアンケートを行いました。

　質問は、従来の育種法による作物と遺伝子組換え作物、ゲノム編集作物の
中から、「最も不安に感じる」もの、「最も推進すべきと感じる」ものを選ん
でもらうほか、遺伝子組換え作物とゲノム編集作物に対する意見を答えても
らいました。また、日本国内および北海道でのゲノム編集作物の規制につい
ての意見も聞きました。

　アンケートの結果は、第5章で詳しく報告します。

3. 消費者からみた可能性とリスク
話し合いの分析（1）

　各グループ2時間ずつのディスカッションは、あらかじめ提示した3つの論点に沿って、参加者に自由に話し合ってもらう形で行いました。各グループでの話し合いは、ゲノム編集作物にどのような利点や問題点があると思うか（論点（1））についての意見交換から始まり、後半には、日本国内での規制全般（論点（2））、北海道内での栽培に対する規制・対応（論点（3））の議論へと広がっていきました。

　こうした話の流れに沿って、この章では主に論点（1）をめぐる議論の内容を分析し、それに続く規制のお話（論点（2）および（3））は次の第4章で扱います。

参加の動機

　ディスカッションは、ひとりずつ手短に自己紹介するところから始まりました。ファシリテーターが、名前や居住地域のほか、事前に送られた情報資料の感想や参加動機などを述べるように促すと、参加者は順番に話し始めました。

　ほとんどの参加者が、今回勧誘を受けるまでゲノム編集作物について全く聞いたことがなく、資料の説明も難しく感じたとのことでした。送られてきて事前資料を読んで、一度は辞退を申し出た、と話すひとたちもいました。

　A5（60代女性）：あんまり本当に知識がなさ過ぎて、ここに来ることを

躊躇して1回お断りしたんですが、知識がなくてもいいですということ
〔主催者からの話〕でまいりました。これ〔情報資料〕も全部読み切れ
なかったんですが、読んでも頭に全然入らなくて……。[1004] [12]

これを聞いた同じグループの30代の女性も、安心した様子で語り始めま
した。

A1（30代女性）：私もはじめ資料を読んで、ちょっと難し過ぎるのでお
断りしたんですけれども、率直な意見とかをお聞きしたいということ
で、読んでもあんまりちょっと理解はできてないけれども、自分として
は遺伝子組換えされた食品はなるべく取らないようにしていて、やっぱ
り納豆とかそういうのは書かれたりしているので、なるべく遺伝子組換
えではないというものを選んだりとかしているという、そういうことし
かちょっと言えないんですけど……。[1016]

　一般から参加者を集めて行う市民パネル型のディスカッションの場合、参
加者には特別な事前知識を求めません。もともと専門知識や、あらかじめ
はっきりした意見をもっていなかった、「ふつうの市民」同士が、バランス
の良い情報を得て他のひとと話し合うとどんな意見が形成されるかを探る、
というのが狙いだからです。
　したがって、事前に知識がなかったので難しく感じたというのは、ごく自
然な感想です。むしろ、この女性の発言で注目したいのは後半の部分、すな
わち遺伝子組換え食品については前々から関心をもっていた、というところ

---

12 「A5」「D3」などの符号は参加者番号で、グループ名（A～D）とグループ内で
の番号（1番～6番）の組み合わせです。また引用した発言中、〔　〕で括った語句は、
筆者らによる補足説明です。また、各発言の末尾にある4ケタの数字は発言番号で
す。グループ別に、発言順に番号を振っています。千の位はグループ番号で、A グ
ループ＝1、B グループ＝2、C グループ＝3、D グループ＝4です。例えば「1004」
は、A グループの4番目の発言を指します。データ処理の都合上、ファシリテーター
の発言や、10秒以上のまとまった空白にも発言番号を振っています。

です。「難しい」「理解できない」という参加者も、何らか興味のある点、ひとこと意見を言いたい点があるようです。こうした趣旨で、遺伝子組換え作物・食品に触れたひとは他にも複数いました。

D3（50代女性）：消費者として普通に買い物に行って、よく遺伝子組換え大豆という言葉をすごく聞きまして。おみそとか、おしょうゆとか、ポン酢とか多いんですけど、買うときはやっぱり安いのを買いたいと、必ず〔表示を〕見てしまって、「含まれていません」という言葉を確認しないとやっぱり気持ち悪いというか。［4012］

B1（30代女性）：自分で一度安いからと思って買ってしまったものをよく見たら、遺伝子組換えが混ざっている可能性がありますという表示を見たことがきっかけに、こういう遺伝子組換えのものに少し関心がありまして、賢い消費者になりたいと思い、参加しました。［2008］

D1（30代女性）：食品のアレルギーがあることもありまして、そういう遺伝子組換えとかをちょっと気にしている部分もありました。［4011］

　日本では現在、大豆やトウモロコシ、ジャガイモなど、政府が安全性を確認した遺伝子組換え作物や、それらを用いた加工食品を作ったり、輸入・販売したりすることが認められています。安全性の確認は、野外で栽培することに伴う生物多様性への影響についての評価と、食品や飼料としての安全性の評価に分かれます。前者はカルタヘナ法[13]、後者は食品衛生法や飼料安全法、食品安全基本法などの法令に、それぞれ基づいて行われます。
　流通に際しては、「遺伝子組換えである」という表示をする必要がありま

13　正式名称は「遺伝子組換え生物等の使用等の規制による生物の多様性の確保に関する法律」。この件についての国際的な取り決めであるカルタヘナ議定書を日本国内で実施するための法律であることから、通称「カルタヘナ法」と呼ばれています。カルタヘナとは、この議定書の交渉が行われた南米コロンビアの都市です。

す。生産の過程で、遺伝子組換えと非遺伝子組換えのものが区別されていない場合は、「不分別」であると表示します。ただ、食用油やしょうゆなど、組換えられたDNAやそれによってつくられるタンパク質が残存しない加工食品では、「遺伝子組換え」や「不分別」の表示は任意（表示してもしなくても構わない）です。

　また、非遺伝子組換えの食品には、任意で「遺伝子組換えではない」という表示をすることができます。ただ、この表示をするためには、遺伝子組換えのものが混じらないよう、生産や流通にあたって適切な管理（分別生産流通管理といいます）がなされている必要があります。私たちがふだん、納豆や豆腐のパッケージで目にする表示はこの制度に沿ったものであり、ここでは、この表示のことが話題になったわけです。

　結局、24名の参加者のうち9名が、自己紹介の中で、遺伝子組換え作物・食品についてもともと関心があったと話しました。いずれも、遺伝子組換えへの不安や、表示を見て遺伝子組換え食品は避けるようにしている、といった話でした。

　自己紹介がひととおり終わると、どのグループもさっそくひとつ目の論点についての意見交換に入りました。積極的に発言するひとが多くいて活発に意見交換が進むグループもあれば、発言が控えめで、10秒以上の沈黙がたびたび訪れるグループもありましたが、取り上げられた話題自体は、4グループの間でかなりの部分、共通していました。

　ここからは、全てのグループをまとめて、話題ごとに発言を分類しながら見ていきたいと思います。

ゲノム編集作物に対する不安・懸念

(1) 食品としての安全性の問題

　どのグループでも真っ先に話題にのぼったのは、食品としての安全性の問題でした。

　　A2（30代男性）：もしこれが本当に安全で普及すれば、やっぱり市場へ

の供給が安定したりとか、価格も安くなるのかなと思うんですけど、本当に安全かというのがちょっと不安で……。[1037]

　不安の背景には、先に出回っている遺伝子組換え作物・食品の影響も、じつはまだ十分明らかにされていないのではないかという感覚があるようです。
　遺伝子組換え食品について、日本では、遺伝子組換えによって新たな有害成分が生じていないかなどを国が専門家の意見も聞きながら審査し、問題がないと認められたものだけ、製造や流通が認められるルールになっています。そのことは今回の情報資料でも説明しました。しかし参加者からは、安全性審査の枠組みがあることを踏まえても、なお遺伝子組換え食品への不安があるという発言がありました。

　　C2（30代男性）：〔ゲノム編集作物は〕やっぱり人体への影響がすごく心配されると思います。遺伝子組換えもそうなんですけど、いまだにその物を食べたことによって人体にどういう影響が出るかというのは、まだはっきりしてないと思うんですよね。だからその作物〔ゲノム編集作物〕が安全であるかどうかというのをこれからどうやって証明していくのかなという問題点はあると思います。[3032]

　　D5（60代女性）：もう遺伝子組換えなんてずっとだいぶ前から出ていますよね。その影響というのは全然公表されてないから、その点が本当に不安ですよね。でもちまたにありふれているから、買うとき見るんですけど、でも要はだしとか、ああいう中にはもう入っちゃっているんだろうなと思うんですよ。冷食に使われているのでも。たぶんもう外食でほとんど使われているはず。[4027]

　討論後に行ったアンケートでは、遺伝子組換え作物について「安全性の確認が不十分である」という意見について、24名中16名が「そう思う」、7名が「ややそう思う」と答えました。先に実用化されている遺伝子組換え作

物に関しても、まだ明らかになっていない影響があるのではないかという見方が根強く、このことがゲノム編集作物の安全性に対する意見に影響しているようです。

　次のように、製造プロセスはどのようなものであっても、おいしくて安全であれば構わないというひともいます。そうしたひとにとっても、安全性の担保をどのように行うのかは、同様に大きな関心事です。

　　D6（60代男性）：どうやって作ったかなんて正直言ってどうでもよくて。できあがったものが、食べ物だったらちゃんとおいしくて、安全かどうかというのが大事なわけですよね。だとしたら、どうやってその安全を担保しているかというところがはっきりしないのが問題だと思う。〔4016〕

　参加者に事前に読んでもらった情報資料の中では、ゲノム編集技術の課題として「オフターゲット変異」をとりあげました。これは、改変の標的（ターゲット）とする遺伝子以外に、それとよく似た配列の遺伝子があると、そのDNAを間違って切断し、望まない変異を引き起こしてしまう場合がある、という問題です。情報資料では、「これにより意図しない異常タンパク質が生じ、アレルギーなどを引き起こす恐れがあることも指摘されています」と説明しました。あわせて、オフターゲット変異が生じていないことを確かめる検査をする必要性があることが指摘されている一方、「ない」と断定できるまで調べ上げることの困難さにも、資料では触れました。参加者の懸念は、こうした点に集中しました。

　　C3（40代女性）：オフターゲット変異というのがどれぐらいの割合で起こるのかちょっと分からないんですけれども、これによってアレルギーとかが引き起こされる可能性があるというのが〔情報資料に〕書かれている。こういうのは怖いので、やはり研究の方を何年も進めて、確実にこういうものが起きないという証明がないと自分では買う気がしないなと思いました。〔3029〕

A1（30代女性）：「オフターゲット変異がないと断定できるまで調べ上げることは簡単ではありません」と書いているから、最後まで調べるのは大変なんでしょうね、きっと。［1146］

　情報資料で具体的に挙げた健康影響の懸念はアレルギーだけだったのですが、さらに重篤な影響が生じることを心配する参加者もいました。

A1（30代女性）：まぁアレルギーだったら……と聞いたひとは思うけど、もしこれががんとかだったらどうなんだろうという心配はありますね。［1133］

　参加者がとりわけ強く懸念したのは、すぐに体調に異変が現れなかったとしても、後々、健康に影響を及ぼすことがあるかもしれないという問題です。長期的な影響への懸念については、こんなやりとりがありました（Faは進行役のファシリテーター）。

A6（60代男性）：少々体によくなくても、食べたら「うっ」とはならないから、それが原因だろうと分かるのには、もう何十年という時間がかかるから、だから分からないでみんな食べるだろうし、安いし、うまいな、いいんじゃない、これでと。
Fa：もしかするとすごいおいしくなっているかもしれない。
A5（60代女性）：おいしく。
A6：そう。結果が出るのは10年も15年も先の話だから。
Fa：その場合の規制って難しいですよね。
A6：うん。
A1（30代女性）：そうですね。10年後それが原因で病気になったとは分からないですものね。［1418-1424］

　60代の女性参加者からは、自分たちの代にとっては実質的に問題がないかもしれないけれど、次世代への影響が不安だという意見も出ました。

D5（60代女性）：私たちの世代はまだいいんですけど、孫とか小さい子どもたちがもうすぐ影響が出ますから、すごい不安です。［4034］

C5（60代女性）：私ぐらいの、もう子どもを産まなくていいぐらい、あと10年か20年しか生きられない人間なら、まぁ影響はないと思うんですけど、これから子どもを産む方とか、お子さんとか、やっぱり食べさせるのはちょっと心配なところもあります。［3030］

何世代も先の子孫に対する影響を懸念する声もありました。

A1（30代女性）：今、私たちが食べたものによって、子孫とかもどうなっていくんだろうという不安はやっぱり出てきますね。食物のDNAをちょっといじって、それを食べて、その何十代下とか、何千年とかなったらどうなるんだろうというのも考えて、ちょっと慎重にやってほしい。［1368］

長期的な影響に対する懸念の強さには、過去の薬害や公害などにおいて、もともと「安全だ」「心配ない」と言われていたものが、後でとりかえしのつかない被害を引き起こした、という記憶も影響しているようです。

C4（40代男性）：もしかするとやっぱり年月が必要なものもあったり、それこそそのときでは分からなかった場合でも、10年たったらそうやって、実はおかしくなって、そのあとをたどっていったら、いや、実はそこだったんだ、というのが出てくると思うんですよ。［3133］

D3（50代女性）：そのときは大丈夫でも、数年後には、例えば薬害エイズでもいろいろな問題って出てくるのが漠然とした不安がすごくあって……。［4012］

D1（30代女性）：日本も昔、公害のあった時代とかに、ごく当たり前に

川に流されていたものが原因でそういう病気が起きていたという、当たり前だと思っていたことが当たり前じゃなかったということが繰り返されてきているから、それが新しいものに対する拒否反応につながっているんじゃないかなと思うんですね。得体の知れないもの、新しいものが出てきて、「安全だと言われても本当に安全なのか」という不安がもうできあがってしまっているんじゃないか。[4082]

このように、食品としての安全性に関しては、意図しないタンパク質が生成されてアレルギーやがんなどの健康被害を引き起こすのではないかという不安があること、それもとくに、すぐには表面化しない長期的な影響について懸念が示されました。こうした不安や懸念の背景には、先に出回っている遺伝子組換え食品の健康影響もまだ十分明らかにされていないという感覚や、過去の薬害や公害の経験などが存在しているようです。

(2) 生態系への影響
ゲノム編集作物が生態系に与える影響についても、健康影響の問題よりも数は少なめですが、各グループで話題にのぼりました。

あるグループでは、食品としての安全性に関する不安が話し合われた後で、ファシリテーターが「他に何かこのゲノム編集作物が世に出るときの影響というか気になっていること」(2085) があるかと問いかけたのに対して、40 代の女性が、観賞用の花などであれば食品とは感じ方が変わるかもしれない、という論点を持ち出しました。

B3 (40 代女性): 今まで口に入るもののお話じゃないですか。花とかだったら別にいいかなと思うんですよね。枯れない花とか、ちょっとあり得ないようなきれいな色の花とか、そういうのだったら全然、購入する際に、気にならないなと思ったんですけど。[2086]

この女性は「〔切り花として〕2 週間ぐらい枯れない花」(2088) などがもしあれば、自分だったら買うかもしれない、とのことです。これに対して他の

参加者が、食用の作物でなくても、屋外で栽培すれば従来作物や野生植物との交雑などの問題が生じうると指摘しました。

> B4（40代男性）：ビニールハウスの中とかで隔離された中で、本当に養鶏場みたいに育てるような感じであれば、たぶん飛散とかいろいろなことはないと思うんですけど、ぱっとイメージわかないんですけど、いわゆる日本固有の種類の例えば野生の花とか、例えばそういったものに影響を及ぼすようなシチュエーションというのがあったら、困ることは出てくるイメージがある。［2096］

　ただこの参加者も、続けて「具体的にどういう花の種類があるの？　って言われたら、あまりぱっと思い浮かばないから、ないんだったらいいのかなとは確かに思うんですけど」(2096)とも述べており、そこまで強い確信をもってこれが問題だと考えているわけではなさそうです。すると今度は別の参加者が、札幌市内の自宅近くでの外来植物をめぐる出来事を思い出したと、話し始めました。
　この女性が住む地区では、「ゴボウがすごくはびこっちゃっているらしくて、それをみんなで取りましょうという運動が何か毎年夏にあるんです。他の固有のものをだめにしてしまうというらしくって」(B5、60代女性、2097)と言います。
　実際、札幌市中心部に近い円山公園では、外来種であるゴボウが繁殖するようになり、数年前から自然保護団体やボランティアが、抜き取り作業を行っています。その様子は新聞でも紹介されたことがあります[14]。畑で栽培されていたものが拡散したと考えられていますが、公園に隣接する原始林に侵入して在来の植物や生態系に悪影響を及ぼすことも懸念されています。B5さんは、この話を思い出したのでした。

14　読売新聞北海道版2016年6月12日「ゴボウ大量繁殖…原始林　迫る外来植物」
https://www.yomiuri.co.jp/hokkaido/feature/CO022811/20160613-OYTAT50000.html
（2018年11月12日取得）

B5 さん宅の庭にもゴボウが生えてきて、抜かなければならないということでした。

ゲノム編集作物の生態系への影響について、他の参加者からも、観賞用の花であったとしても「挿し木にして、それで自分で栽培できちゃう可能性はあるかなというのも思いました。（中略）挿し木をして育てて広がっちゃうということは、あり得る」（B1、30代女性、2111）といった発言が続きました。

生態系への影響をめぐっては、ゲノム編集技術の作物への応用が、広い意味で自然のバランスを崩す引き金になるのではないか、という懸念も語られました。

> C6（70代以上男性）：〔有機物が〕自然の中で腐っていくと、紙や何かがそこでまたリサイクルなりが始まるじゃないですか。そうすると自然の体系というんですかね、それは維持されるわけでしょう。昆虫とかいろいろなものがそれの恩恵を受けていると思うんですけど、完全にコントロールされる状況になって、品質管理までがそういう野菜とか、あるいは肉類とかにまで及ぶような状況になったとしたら、昆虫とかは生きていけんようになる可能性はあるんですね。ハチがいなくなったら今度は受粉ができない。そうするとロボットのハチが出てきて受粉するようなことになるかもしれないんですけど、要はばらばらになってしまう。地球としてのシステムが壊れる。一気にぼこんとはいかんでしょうけど、そういうトリガーを引くかもしれない。［3040］

健康への影響と比べると発言の数は限られましたが、ゲノム編集作物が生態系に与える影響についても、強い関心があることがうかがわれます。

(3) 社会的・経済的な影響

食品としての安全性や、生態系への影響に加え、社会的・経済的な側面への影響にも話は広がりました。そうした論点のひとつとして、農業に与える影響があります。

C2（30代男性）：このゲノム編集という技術って、やっぱり経済的な一面がすごく強いと思うんですよね。資料にも書いてあるんですけど、病気に強いとか、そういう利点はあるんですけど、病気がなくてちゃんとしっかりしたものが育つのであれば、農家としては非常に有利なことはあるかなと思うんですよね。ちょっと経済的な要因が優先されているのかなと思いますね。

C5（60代女性）：何か工業みたいな感じになってしまう。自然じゃなくて。

C4（40代男性）：人工的なという感じで。［3034–3036］

　このように話す参加者も、今の農業をまったく「自然」なものだと信じているわけではないでしょう。現代の農業が、様々な技術に支えられて成り立っている現実は認識したうえで、そこにゲノム編集という新たな技術が加わることにより、「工業」化が進みすぎてしまうことへの不安が表明されているとみるべきだと思われます。

　別のグループでは、「そういう食品〔ゲノム編集作物やそれを使った食品〕が出回ることによって、逆に言えば仕事がなくなるひともいるかもしれないから、そういうひとのことも考えてやっていくべきじゃないか」（A4、40代男性、1525）という意見もありました。

　ゲノム編集作物が農業に与える影響について、より具体的な指摘もありました。次の発言には、ゲノム編集を用いた飼料用トウモロコシの生産が拡大して食糧用の作物の需給が逼迫し、食糧難を引き起こす可能性があるのではないか、という懸念が表れています。

A1（30代女性）：何か聞いた話だと、よく私たちは肉とかを食べるんですけど、例えば肉を育てる飼料ですかね、そのトウモロコシとかが結構食糧難に影響していると。肉を食べるのに例えば難民の方とかにそのトウモロコシとかをやれる倍の量をその牛とかを飼育するのに使っていて、それが食糧難になっているというのを聞いたことがある。［1027］

飼料用や燃料用の作物との競合により食糧が不足しうるという事態は、ゲノム編集技術を導入するかどうかとは基本的には別問題ですが、この新たな技術が、そうした問題に拍車をかける要素となるかもしれないという懸念が述べられているものととらえられます。

同じグループの別の参加者は、この問題が、特許によって企業が利益を独占し、輸出用の作物が幅広く栽培されるようになる構造とセットになっていることに言及しました。

> A6（60代男性）：特許、その他は一部の大企業だけで占めてしまったとすれば、世界中にその適している地域、バナナのできる地域だとか、大豆のできる地域だとか、麦のできる地域にお金持ちがどんどんお金を出して、そこでどんどんできたものを大量消費国である日本とか、その他、中国の富裕層だとかに売ることが、もしかしたら始まるかもしれないし、そうなれば地元のひとたちは、さっき言ったような、いい牛にするための餌をゲノム〔編集作物〕で作るために、地元には食糧をやらないで、そっちの方ばかりいるから地元のひとたちはものすごく困ってしまうとか、そういったことが起こりえないとは考えられない。[1047]

ここまで踏み込んだ話は情報資料には盛り込んでおらず、参加者同士のディスカッションの中で出てきた論点でした。ゲノム編集作物の農業へのインパクトを考える際には、社会的・経済的な負の影響も含めて視野を幅広くもつ必要があるという認識が、消費者の間に少なからず共有されていることを示すものといえます。

(4) 生命倫理上の問題

生命倫理上の問題を感じるという声も、すべてのグループで上がりました。これまで取り上げてきた食べ物としての安全性や、生態系への影響の有無といった論点とは別の次元で、ゲノム編集技術は人間が踏み込んではいけない領域に踏み込もうとしているのではないかとか、遺伝子操作ということ自体に抵抗があるといった意見です。

B5（60代女性）：クローンの羊みたいな何か宗教的な感じで、もう何か倫理的なものに何かいっちゃうのかなと思いますけど。あまりいろいろ触ると……。

B4（40代男性）：何か自然の摂理に反することが起きる、みたいな。

B5：そうそう。［2090–2092］

　自然の摂理に反するとか、人間が踏み込んではいけない領域であるといった発言は、参加者全体からみると割合は大きくないものの、他のグループでも1、2名ずつからありました。情報資料には、参考文献として『ゲノム編集の衝撃：「神の領域」に迫るテクノロジー』（NHK「ゲノム編集」取材班 2016）という本を挙げていたこともあり、その題名から影響を受けたひともいたようです。人間が踏み込んではいけない領域がある、というこの感覚を、別の参加者は次のように表現しました。

C4（40代男性）：遺伝子って究極かなと思いますね、私個人だと。何か踏み入れていけないといえばいけないかもしれないんですけど、すごく先端のところまで今行ってしまっている。ですから、やっぱりニュースとかを見ていて、例えばクローン動物とかが中国とかでたまに出ますけど[15]、あれを見て、やっぱり、「えっ？」という気持ちにたぶんちょっとはなると思うんですよね。私はなるんですけど。やっぱりそういうところの、遺伝子という概念がどうしてもやっぱり不安とか問題点というのは頭に必ず浮かんでしまうので。怖いとか。そういうのがやっぱり払拭されない限り、なかなかちょっと難しいんじゃないか。［3055］

15　この発言は、グループディスカッションが行われる約1か月前の2018年1月下旬に、中国科学院の研究者たちが世界初の霊長類のクローンとされる、サルのクローンの作成に成功したというニュースを踏まえたものと思われます。動物のクローン自体は、哺乳類以外も含めれば半世紀以上前から、ヒツジを始めとする哺乳類でも、20年以上前から欧米など各国で行われています。

C5（60代女性）：西洋医学って何か薬で異常、副作用が起きてもまた薬で治して、それもまた異常が起きて、また薬でと、対症療法ですよね。ゲノム編集で何か異常が起きても、またそういうふうになっていくのかなと。次々とまた編集して編集して、と組み換えるだけで。うーん、ずっと連鎖していってきりがなくなるのかな、将来的にどうなっていくのかなという、何か漠然とした不安なんですけど。だからあらかじめ限界を決めるとかね。これ以上やっちゃいけないところ、神様じゃないんだから。具体的にどこまでとは言えないんですけどね。踏み込んじゃいけない領域があるような。［3044］

　この女性の父親は、遺伝子の変異が原因で起こると考えられている血液のがんの一種により亡くなっており、その経験から「遺伝子の異常って怖いものだなという印象」をもつようになったそうです。

C5（60代女性）：父が何年か前に亡くなったんですけど、〔血液細胞の〕顕微鏡写真を見せられて、遺伝子の異常って怖いものだなという印象があるものですから、それを人工的にいじるとなると、ちょっと間違えただけでとんでもないことになるという思いがありますので、人間のすることが完璧でない以上、ゲノム編集自体、するべきじゃないのかなという気持ちもあります。［3061］

　この女性は、ゲノム編集技術の悪用の可能性についても懸念しているといいます。もし利用するなら、規制や監視が必要だと強調しました。

C5（60代女性）：やっぱり何らかの規制とか監視とかしないと、悪用される可能性もありますよね。生物兵器とか。さっきも言ったように、いろいろなひとが好きなようにいろいろなものを作ってしまうとかいうのが起きてくるので、収拾がつかなくなるので、やっぱり監視とか規制は必要だと思う。［3054］

今回の 24 名の参加者は、全員がゲノム編集作物に対する規制に賛成しました。その理由はひとによって様々ですが、ひとつの重要な背景として、こうした生命倫理的な問題もあると思われます。ある参加者は、自身の相反する思いを次のように表現し、規制を支持する理由を説明しました。

D6（60 代男性）：僕は一見短期的に見ると遺伝子を変えたり、ゲノム編集とか賛成なんですけれども、実は長い目で見たら本当は反対なんです。何で反対かというと、（中略）行き着く先って生命の創造になりますから。人間がつくれちゃうような研究なんですよ。それは神の領域だから、僕はクリスチャンでも何でもないんですが、やっちゃいけないんじゃないか（中略）というのが実は本当の結論なんです。けれども短期的に見たらやっぱりあった方がいい研究なので、つぶされないように、あんまりアレルギー反応を起こさないようなやり方をしたらいいんじゃないかなと思って、規制には賛成しています。[4067]

規制についての議論は次の第 4 章で詳しく検討しますが、すべての参加者がゲノム編集作物への何らかの規制を求めている根拠には、様々な不安や懸念があります。そして、参加者が語った懸念としては、よく理解できない、わからないという感じを伴う漠然とした不安も少なからずありました。

D1（30 代女性）：〔影響の有無を判断するには〕スパンがちょっと短いなと。それでみんなが、影響が本当にあるのかないのかというのを判断しきれなくて、不安に思っている部分というのがたくさんあるのかなというふうには感じているんですね。ゲノム編集という名前だけが難しくて、ひとの手が加わっているというイメージ先行で、どうしても怖い印象になっちゃう。[4044]

D3（50 代女性）：これだけ書かれていることでも、へぇみたいな、読んでもまだ分からなかったりとかするぐらい、単語だけはみんな聞いたことあるけれども、じゃあ、実際にどういうことかということもちょっと

分かってなかった部分というか、自分はほとんど分かってなかったりとか。それはやっぱり分からないから不安であったりとか。[4157]

ゲノム編集作物のメリットについて

それでは、ゲノム編集作物のメリットについてはどのように受け止められているのでしょうか。不安や疑問を感じさせることばかりで、利点は少ないと考えられているのでしょうか。

じつはそのようなことはなく、ゲノム編集作物に様々なメリットがありそうだということは十分わかっているのだ――そんな発言が、各グループで多くみられました。

あるグループでは、上に述べたような不安や懸念について話し合われた後で、ファシリテーターが、「こういうところはプラスなんじゃないかみたいなのは全然〔ないのですか〕」(4133)と投げかけました。すると、参加者からは即座に、メリットは言うまでもなく十分わかっているのだ、という反応が相次ぎました。

D6（60代男性）：プラスはたくさんあって、皆さん分かっているんですよ。

Fa：例えばどういうのかというのは。

D6：食料の安定供給が可能になるわけじゃないですか。

D5（60代女性）：先ほど農家さん〔について〕のお話もあったように、せっかく作ったものが本当にそういうのに強いのができれば農家さんのためにもすごいのに、私たちも当然安い、安定して野菜が……

D6：虫にも強い、冷害に強い、干ばつにも強い。

D2（30代男性）：もうけられますもんね、正直言えば。

D5：もう何も。いいこと尽くしです。

D6：それから普通の3倍ぐらい収量があるとね。

D2：そうですね。狭い作付面積の中で収量がいっぱい上がったら、それは今までと同じ面積で売り上げが上がるわけですから、それこそ

TPP だ何だと言われても戦える力も出るようになってくるという、そういう面でもいいことだと思います。

D6：果物なんかでも甘いものがおいしいと思うひとはたくさんいるから、とにかく甘いものを作ることだって可能でしょうしね。だからいいことはたくさんあると思うんですよ。でもそんなのみんな分かっているじゃないですか。言うまでもなくという話で。［4134–4143］

　この短いやりとりの中に、期待される様々なベネフィットが取り上げられています。害虫や寒さ、乾燥に強い品種の開発や、単位面積当たりの収量の増大、それらによる食料の安定供給への期待、さらに果物の甘さを増すなどの食味の改良にも触れられています。情報資料の中にトマトの日持ちの改善の例が挙がっていたことを受けて、他のグループでは「日持ちがよくなるということは、売るひととしたら廃棄が少なくていいのかなというのはあります」（A1、30 代女性、1388）という発言もありました。

　農作物の収穫の安定に関しては、災害による農業への影響も話題にのぼりました。

　　B3（40 代女性）：例えばジャガイモ、十勝の方ですごい水害になってポテトチップスも一時期、販売されなくなったじゃないですか[16]。何かこの技術がだんだんといい方向になれば災害のない室内でジャガイモも作れたり、そうなれば値段も年間一緒になるし、そんな農家さんが大変なことにならないのかなって思いました。［2277］

　　C3（40 代女性）：今って災害とかも多くて、野菜が結構高くなったりすることが多いので、そういう災害にも強くなるような作物がこういう研究から生まれると、価格の安定だったりということにも影響するのかなと思います。［3029］

16　2016 年夏の台風被害により、北海道でジャガイモの収穫が減り、その影響で大手メーカーが、ポテトチップスの生産を休止したり終了したりしました。

食味や成分の改良に関しては、「栄養価を変えていったりとか、味、それこそお米とかで考えるとそうですね。糖質が多いとか少ないとかで、そのお米の味が変わったりとか、たぶんそういうようなことというのはゲノム操作でできる」（B4、40代男性、2118）とか、「例えばすごく美容にいいトマトができるとか、ゲノム編集によって今のトマトよりもとてもいいですというものができるようになったとか、そういう変化が起こるならすごくいい」（C1、30代女性、3028）、「例えばピーマンとかは苦いですけど、それが甘くなったりするとか、（中略）子どもに食べやすくなるような野菜を作ったりすることができる」（C2、30代男性、3032）というように、具体的な意見が複数出ました。「アレルギー物質を組み換えて外しちゃって、アレルギーのあるひとでも食べられるようにした農作物というのもできる」（D6、60代男性、4097）というコメントもありました。

こうした品種改良によって「安くておいしいものが作れるのであれば、今後、北海道の経済とか日本の経済に役立つんじゃないか」（A4、40代男性、1008）と、経済への好影響を期待する発言もありました。ゲノム編集作物の研究を通じて培われる「技術ですとか、研究手法とかがほかの分野に応用できるという可能性」（B1、30代女性、2126）への期待も語られました。

その一方で、品種改良によるメリットへの違和感を口にする参加者もいました。ある女性は、「このトマトの日持ちが悪いのがよくなると〔情報資料に書かれているのを〕見たときに、トマトの日持ち、野菜の日持ちがよくなるってそんなにいいことなのかな」（A3、50代女性、1069）と感じたといいます。同じグループでは他の女性からも、以前、自宅の仏壇に「輸入されたオレンジ」を上げておいたところ、長い期間、まったく傷まず、「結局、食べるのが気持ち悪くて食べないで捨ててしまった。傷んでなかったけど」（A5、60代女性、1390）というエピソードが紹介されました。この女性も、日持ちのするトマトは「食べる気にはならない」（1398）とのことです。

以上のように、様々なメリットがありそうだということは話としては理解しているけれども、問題は「それに勝る不安が大きいというところじゃないですかね。メリットは感じるけれども、それより見えない部分が大きすぎる」（D1、30代女性、4145）というのが、参加者に幅広く共通する意見でした。

消費者の選択

　このメリットについての話は、もう少し踏み込んで、2つに分けて考える必要がありそうです。ひとつは、ゲノム編集技術を用いることにより、食味や栄養素の改善など消費者にとって新たな価値が付加されることが期待される場合です。もうひとつは、消費者にとって目新しい付加価値はないけれども、ゲノム編集によって、害虫や寒さ、乾燥などへの耐性や、その他収量が増大する性質が加わることにより、供給量や価格の安定につながるような場合です。

　このいずれに属するのかについて、そもそも意見が分かれそうなケースもあります。例えば、トマトの日持ちの改善の話は、それ自体を自分にとってのメリットだと考える消費者には、新たな付加価値をもった農作物の登場として受け止められることになります。しかし、そのことに価値を感じない、または逆に「気持ち悪い」などと感じる消費者には、自分自身にとってはメリットがないか、むしろ生産・流通をしやすくするために品質を犠牲にする話だということになります。

　グループディスカッションで話題になったゲノム編集作物の利点には、両者が混在しており、メリットを認識しているという場合、参加者が、どちらの意味でのメリットをより強く意識して発言しているかを分別していく必要があります。

　ここで参考になるのが、話し合いの前後に参加者に個別に答えてもらったアンケートの結果です。結果は第5章で詳しく報告しますが、アンケートでは、ゲノム編集作物の利点に関して、「食糧の安定供給に役立つ」と「人々の健康のために役立つ」という意見への賛否を、それぞれたずねています。討論後の結果でみると、「食糧の安定供給に役立つ」には「そう思う」9名、「ややそう思う」12名と、24名中21名が賛成したのに対して、「人々の健康のために役立つ」への賛成は「そう思う」0名、「ややそう思う」7名の計7名にとどまりました。

　この結果から、ゲノム編集作物のメリットとして想定されているのは、消費者にとって新たな付加価値はないけれども、供給量や価格の安定につなが

るような性質だということが読み取れます。栄養素が改善されるなどの形で消費者にとって新たな付加価値が加わるという意味でのメリットは、話題にはのぼっていましたから、話としては理解されているのでしょうが、どこまで本気で期待されているかは、かなり割り引いて考える必要がありそうです。

　実際にディスカッションでは、ゲノム編集作物を、価格は安いが消費者にとってできれば避けたい選択肢としてとらえる発言が目立ちました。

　　D3（50代女性）：ここ最近本当に野菜がすごい高かったですよね、庶民的な話ですけど。すごい高くて、こういうことができたら、きっと普通のお値段でこのシーズン、お鍋をいっぱい食べられるのかなとか思いますけど。でも自分はやっぱりそのときに晩酌のビールをやめても、変わった遺伝子組換えのお野菜は買わないで、晩酌のビールを飲まないでちょっと高いお野菜を買った方がいいなと思ってしまいます。［4036］

ディスカッションでは「遺伝子組換え」と「ゲノム編集」とを区別せずに発言されることが少なくなくありませんでしたので、ここでの「遺伝子組換えのお野菜」は、前後の文脈から、新たにゲノム編集を応用して開発した野菜を指していると思われます。

　もし将来的にゲノム編集作物が流通することになった場合、消費者が選択できる環境が整っていることが重要であるという指摘も目立ちました。

　　A4（40代男性）：選ぶのは消費者なわけであって、「安いよね、ああ、ゲノム編集しているからだね」「これは高いよね、やっぱり無農薬で作っているやつだから高いよね」と。それはもう選ぶのは消費者であって、だからもう別にいいんじゃないですかね、本当に。今、研究だったらやっぱり進歩は絶対必要なわけであって、だけど、やっぱり自然派だよとか、オーガニックが好きだというひとは、もうそれも生き方であるから、それを否定もしない。［1382］

C2（30代男性）：結局、選ぶのは自分なのかな。自分にとってそれがいいものであれば買うし、別に不安だと思うんだったら手に取らなければいいし。うん、そういう考えもいいのかなとは思いました。ただやっぱりあと情報ですね。［3176］

　消費者の選択に必要となる情報については、次のような少し過激な発言もありました。

A1（30代女性）：そこまで危険性って教えてくれないので教えてほしいです。たばことかも表示してあるじゃないですか。肺がんになる可能性がある。［1173］
（他の参加者から「そうそう」という反応がある）
A1：〔ゲノム編集作物の場合も〕それぐらいこう安いんですけれども、がんになる可能性もありますとかは書いていてほしいなと思います。［1175］

　また、かりに消費者が選択できるような条件が整ったとしても、実際にはその選択は所得格差によって制約され、低所得者層がリスクを負いがちになるのではないかという懸念も表明されました。

B1（30代女性）：〔ゲノム編集作物が〕大量生産して安くなったときに、安いものというのはどうしても低所得層が買っちゃうんじゃないか。そうしたら高所得層とか中所得層は、何となく安全かなという理由でそうじゃないものを買うけれど、安かったらどうしても買わざるを得ない低所得層がいた場合、何らかの影響が出るようになったときに、低所得層に偏ってしまうんじゃないか。［2043］

企業や研究機関に求めること

　ディスカッションでは、ゲノム編集作物を開発する企業や研究機関に対す

る不信感や注文なども語られました。

　企業の動きに関しては、先に、特許によって開発企業が利益を独占することによる弊害を懸念する意見を紹介しましたが、企業による開発の本当の意図や目的が消費者にはみえにくく、隠されているように思われるという発言もありました。

　　D4（50代男性）：害虫に強い品種を作るというのは、品種を作る生産者とか周りから見ると生産性が上がっていいように思うんだけど、そのために遺伝子組換えをして、それに合った農薬を作る。そっちが目的なんだから、企業にしてみれば。ゲノムにしても遺伝子組換えにしても、それは手段なんですよ。［4205］

　その上でこの男性は、「こういう手段を使って研究しているとしたら、どういう目的でやっているかということは、きちんとオープンにしておかないといけない」（4205）と述べました。他の参加者からも、それに同調する反応がありました。

　　D1（30代女性）：規制をかけないと、1社だけがもうけることになったらまずい。
　　D4（50代男性）：うん。もうけてもいいんだけど、それをきちんとうたって、分かっていた上で消費者が選択してそれを買っていればいいんですよ。そうでなかったらまずいんじゃないかな。
　　D6（60代男性）：消費者というか実際の農家が、だからこの種子とこの農薬をセットにするとたくさん採れるからと買うのもありなわけですよね。
　　D4：そうそう。
　　D6：企業がどんなにもうけたっていいわけですよね。あんまりよくないか。
　　D4：手段として、それをきちんとうたっておけばいいと思いますよ。
　　D6：隠さなければね。［4206–4212］

企業だけでなく、大学や公的な研究機関も含めた研究者に対して、情報を
包み隠さずオープンにしてほしいという注文は全てのグループで出されてい
ました。

　　A1（30代女性）：試験栽培の初めから終わりまでを全部公表してほし
　　い。例えば最終的に成功したとしても途中でいくつか問題が出たら、そ
　　れを公表した上で成功までいきましたとか、その過程を省かずに公表し
　　てほしいなというのはあります。［1377］

　　B4（40代男性）：安全性で例えばこういう試験をして、こういうところ
　　は問題が起きていませんとか、例えば100頭のラットに、マウスに食
　　べさせました、それで肝臓とか腎臓とか血液とかに影響が出たものは何
　　パーセントでしたとか、何かそういうようなちゃんとしたものがホーム
　　ページとかでも見られるような情報開示ですね。［2218］

　こうした注文の背景には、都合の悪いデータや情報は隠されがちだという
不信感があります。ある参加者は、開発中の技術の問題点を指摘するような
報告を研究者がすると、失職や左遷のおそれがあるのではないか、という疑
念を述べた上で、次のように話しました。

　　A6（60代男性）：いろいろ研究があって、いい結果も悪い結果も全部公
　　表されればいいんだけど、悪いことというのはなかなか表に出づらく
　　て、それに利権が絡むと、なおのこと出づらくて、そこにやっぱり問題
　　がある。［1137］

　さらに、都合の悪い情報もオープンにすることに加えて、問題点や課題を
積極的に明らかにするような技術を開発してほしいという意見もありまし
た。

　　C4（40代男性）：せっかくそこまでDNAとか、すごいところまでいじ

る技術とか科学的な考察ができるのであれば、やっぱりそれを、問題が起きたときにいち早くキャッチできる、判断する技術とか、評価する技術というのをやっぱりやらないと。今それが何かできてないような気がするので。[3115]

なお、研究開発に関しては、これまでに行われてきた他の重要な研究との間で、予算配分などのバランスをとることも課題となるという指摘もありました。

B1（30代女性）：このゲノム編集などにもし予算が多く下りている場合、それまで通常の栽培が行われていた例えば環境の調整ですとか、そういうのに予算が下りなくなった場合、その分野は衰退してしまうんじゃないか。[2285]

消費者の反応を読み解くポイント

以上、本章では、グループディスカッションの中から、ゲノム編集作物に対して感じる可能性や問題点を中心とした発言をみてきました。ここまでの議論でも、この新たな技術に対する消費者の反応をとらえる上で注目すべき点が、いくつか明らかになったと思います。

（1）引き合いに出される遺伝子組換え作物・食品

まず注目されるのは、ゲノム編集作物について、とくに不安や懸念を話す際には、遺伝子組換え作物に関してこれまでに見聞きしたことや、知っていることがたびたび引き合いに出されていた、ということです。

参加者の3分の1以上のひとが、今回の参加動機として、日常の買い物で触れる商品の表示を通じて、遺伝子組換え食品について気がかりであったことを挙げていました。人体や健康への影響について議論された場面でも、先に実用化されている遺伝子組換え作物に関して長期的な健康影響の面などで明らかになっていない部分があるのではないかという懸念が、どのグループ

でも表明されていました。

　ゲノム編集作物への消費者の反応を理解するうえでは、先に実用化されている遺伝子組換え作物に対して寄せられてきた不安や懸念をよく参照する必要があるといえます。

(2) 情報の開示・発信

　研究開発や規制がどのような方向で進むにせよ、情報をわかりやすく発信し、都合の悪いことも包み隠さず開示すべきであるというのも、広く共通する意見でした。今回私たちが用意した情報資料も含めて、この種の新たな技術に関する話題は、用語も説明も難しすぎるという苦言もありました。

　　A2（30代男性）：言葉が根本的に難し過ぎるので、これがたぶんもうちょっと一般的に広まれば、何かもうちょっと安心するのかなというのもありますね。
　　A6（60代男性）：何かお役所とか学者とかは難しい言葉を並べて一般のひとに分かりづらくしているような気がするけど（笑）。[1063–1064]

　研究者だけに情報発信を求めるのではなく、研究を支援する公的機関などが、情報公開や発信にもっと力を入れるべきではないかという指摘もありました。

　　D2（30代男性）：研究者の方々は頑張ってやっていると思うんですよ。それをサポートできる機関って、農業研究をやっているような法人だったり、非営利団体とか、たぶん第三セクターみたいなところもあると思うんです。そのひとたち、もうちょっと頑張ってと思いますけどね。せっかく前線でゲノム編集だ何だという最前線の技術を使って、安心、安全なものでより収量が高いだとか病気に強いだとか頑張っているひとたちがいる中で、じゃあ、その安心、安全をもっと広めなきゃいけないのは誰といったら、研究者じゃないと思うんです。[4287]

ゲノム編集作物について、全体として「メリットだけ具体的で、デメリットは何となくよく分からないというのがすごく不安」(C1、30代女性、3113)と表現した参加者がいましたが、これは多くのひとに共通する印象ではないかと思われます。

(3) リスクの受け止められ方
こうした発言や、先に引用した、「プラスはたくさんあって、皆さん分かっているんですよ」(D6、60代男性、4134)という発言にも現れているように、ゲノム編集作物に様々なメリットがあることは認識されています。ただ、食味や栄養素の改善など、消費者に直接利益のある新たな付加価値が加わるという話に現実味を感じているひとは決して多くはなく、メリットとして主に想定されているのは、害虫や寒さ、乾燥に強い品種の開発や、単位面積当たりの収量の増大、それらによる価格の安定であることも見えてきました。そして、ゲノム編集作物は、安全面などでの不安はあるかもしれないけれど、そのかわりに安定して安価に供給されうる、消費者にとっては、他より条件の悪い選択肢として想定されていました。

一部のグループでは、あえてリスクをとってゲノム編集作物の研究開発や実用化を推進すべきではないかという意見も聞かれました。

D6(60代男性)：例えば日本だけが規制をかけて、そうすると当然研究開発が遅れますよね。でも世界中のどこかの国では一切規制はかけない。がんがん金を掛けて商業的にも成功させてどんどんもうかった金でさらに研究して、どんどん進化していくわけじゃないですか、技術的にも。そうすると、「あっ、日本ももう食料が足りないから何とかしなくちゃいけないな」と思ったときに、技術的には全然遅れていて手遅れになって、結局もう今よりももっと遺伝子組換え作物を外国から目いっぱい輸入しなくちゃならないような事態になるわけですよね、きっと。[4045]

同じグループの別の参加者2名からも、「研究と自分の摂取は別物だと思

うんです。研究は、最先端をやっておかないといけない」(D4、50代男性、4050)、「研究するひとは何か頑張って研究しているイメージがあって、それは技術的に進めていきたいというのは全然悪いことじゃなくて、それは思想をもってやっていると思う」(D2、30代男性、4280) などと、不安はあったとしても、研究開発は積極的に進めるべきだという意見が続きました。

　討論後のアンケート結果を合わせてみると、この3名の参加者には、興味深い傾向が見られました。アンケートでは、「従来育種による作物」「遺伝子組換え作物」「ゲノム編集作物」の3つの中から、「最も不安を感じるもの」と「最も推進すべきと感じるもの」をひとつずつ選んでもらっています。この3名は、両方について「ゲノム編集作物」を選んでいました。この結果については、第5章でも詳しく取り上げますが、こうしたパターンで回答をしたひとは、全参加24名中5名であり、そのうち3名がこのグループに集中していました。

　ゲノム編集作物に「最も不安を感じる」が、同時に「最も推進すべき」とも感じる、という回答は一見すると矛盾しています。しかし、ディスカッションでの発言を踏まえると次のような発想であると解釈できそうです。すなわち、ゲノム編集作物については、不安は大きいが得られるメリットも大きそうであり、その裏返しとして導入しなかった場合に失うものも大きい。文字どおりハイリスク(・ハイリターン)な技術であるから、そうであるならば機会を失わないために最も力を入れて推進すべきではないのか、と。

　今回の参加者の中では一部だとはいえ、このようにハイリスクな試みとしてゲノム編集技術の育種への応用をとらえているひとがいることは注目されます。ただ、このような考え方をするひとたちも、その前提として厳格な規制を求めているという点では他の多くの参加者と共通しています。次章では、その規制をめぐる参加者の議論を見ていきたいと思います。

4. 規制や食品表示に対する議論
話し合いの分析 (2)

　本章では、グループディスカッションにおける消費者の語りをもとに、ゲノム編集作物に対して、規制が必要と考えられているのかいないのか、もしも規制が必要だとすればその背景や消費者の思いはどこにあるのか、といった点を検討していきます。今回のグループ討論ではゲノム編集技術に関して限定的な情報提供を行いましたが、そのような場合に消費者はどのようなポイントに着目し、どのような議論を展開するのでしょうか。そしてどのような判断のもとに、どのような規制が望ましいと考えたのでしょうか。以下では、規制の必要性とその根拠、規制の内容、北海道独自の規制に対する意見、その他規制をめぐってあげられた留意点の順に見ていくことにします。

規制の必要性とその根拠

　まず、全体的傾向として言える点は、ゲノム編集作物に対する規制を導入することに関して、どのグループでも必要なことと考えられていることです。規制を行うことに慎重な意見も見られましたが、DNAを改変するという観点から見れば、遺伝子組換えとそれほど大きな違いはなく、やはり規制する必要があるという意見が多く出されました。遺伝子組換え作物とゲノム編集作物とは、同じように規制するべきであり、むしろ区別する理由が見当たらない、という意見もありました。規制は不要である、といった意見が多数を占めたグループは結果として見られませんでした。

D1（30代女性）：そもそもの話になっちゃいますけど、遺伝子組換えとゲノム編集を同じように規制をするかどうかという話でいくと、やっぱりさっきから出ているような考え方〔遺伝子を操作するということ〕が一緒じゃないかなと思うから、同じ規制の対象になるべきなんじゃないかなというのはすごくありますね。たぶん皆さん、それは共通で思っているんじゃないかな。

D6（60代男性）：現時点の情報量では、規制を別に設ける理由が見当たらない。

D1：見当たらない。〔4263–4265〕

　このようにグループディスカッションに参加した消費者の多くが、ゲノム編集技術を規制対象とすることを支持していますが、その背景や根拠は何でしょうか。そこには、前章でも指摘された通り、DNA操作に対する懸念や、その長期的な影響への懸念があると考えられます。

C2（30代男性）：僕もやっぱり組換え作物と同じで規制はしなければならないと思います。やっぱり遺伝子をいじくっているのはどちらも変わらないので、そうですね、規制すべきだと思います。それに遺伝子組換え作物も今、規制されているのに、何かゲノム〔編集作物〕だけ大丈夫というのも、それは何かどうなのかなというのはありますね。〔3059〕

　このように発話の中には、「遺伝子をいじる」という趣旨の表現が見られ、この「遺伝子をいじる」ということの中に、何らかの規制の必要性が認められている、と考えることができます。DNAの操作というものが、何か予想外の結果を長期的に引き起こすのではないか、という前章でも指摘された点が、規制を必要とする根拠とされています。

　またゲノム編集技術が導入されてそれほど時間がたっていないという点も、規制導入の必要性の根拠として挙げられています。ゲノム編集技術は歴史が浅く、したがって検証不足であり、社会の不安解消の意味でも、最初は規制が必要であるという論拠です。この点は、複数のグループで指摘されて

います。日本人は国民性として「安全第一主義」であり、したがって慎重に進めるべきであること、また海外で承認されたからといって、日本でも自動的に承認するということをすべきでないという意見も聞かれました。

B2（30代男性）：ゲノム編集ってまだね、歴史は浅いという話もあったので、まあ、やっぱり厳しめにしてもらった方がいいんじゃないかなと。その上で実用的なものができたら徐々に広めていただくなり、してもらって、流通できていければいいんじゃないかなと思うんです。［2201］

D6（60代男性）：でも遺伝子組換えとかゲノム編集って、これからわーっと何をされるか分からないようなものなので不安なんですよ。まだ世の中に広まってないもので、いったい何が起きるのか分からないから怖いんですよね。だからそれを怖くないようにするためにちょっと普通よりも厳しく思えるぐらいの規制をかけて、不安を抱かないようにしてあげないとだめなんじゃないかという気がする。理屈じゃないんですよ、こうなると。［4334］

A6（60代男性）：国民性なのかもしれないけど、遺伝子組換えあたりでも、アメリカではだいたい国民が容認してはいるけれども、欧州の方ではもう容認してない傾向が強いし、アルゼンチンだのニュージーランド [17] といっても、その土地を利用してやっているというのはアメリカのごく一部の大企業のところが、その国に働き掛けてやっているわけだから。だから日本はどっちかというと安全第一主義の国民だから、やっぱり危ないものはやめた方がいいなという、ただ漠然としたのが第一と。［1360］

C2（30代男性）：海外はもう認可されて、実は何かされている物をやっ

17　ニュージーランドでは、遺伝子組換え作物の商業栽培は行われていません。

ているんじゃないかとはいわれていますけど、国同士で文化も違います
からね。(中略)一様に海外がやっているからじゃあ、日本でも、という
わけにはいかないんですけど。[3134]

　以上のように、消費者の語りからは、ゲノム編集技術が新しい技術であ
り、その結果として、安全性に関してはまだ検証不足と考えられることか
ら、規制を導入して慎重に対応してほしいという意向がうかがえます[18]。

規制の内容

　それでは規制の内容としては、どのようなものが想定されているのでしょ
うか。消費者の語りでは、①安全性確認とその結果の情報開示、②食品への
表示と選択の確保、③技術の暴走を食い止める倫理的な規制、④ゲノム編集
技術に対するより広範な規制が挙げられています。以下、順次みていきます。

(1) 安全性確認とその結果の情報開示

　安全性を確認することは、規制において最も基本的な条件となるものです
が、どのような安全性試験を行うべきかなど、細かな具体的な項目はほとん
ど述べられていません。むしろ、繰り返されているのは、そうした試験の結
果をネガティブな情報も含めて開示してほしいという指摘です。研究は大い
にやってほしい。ただし、データはすべて公表してほしいという意見です。
研究者は都合の良いデータしか公表しない傾向があるという印象があるこ
と、こうした印象は福島原発事故後の科学者の発言などからも強化されてき
たともいえます。日本における科学と社会との関係において、原発事故が決

18　ドイツ連邦リスク評価研究所 (BfR) が2016年に実施した市民に対するフォーカ
スグループ・インタビューにおいても、今回と同様の意見が示されています。規制
上の位置づけにかかわらず、ゲノム編集由来の生物も遺伝子組換え生物 (GMO) と
同様であり、厳しく規制されることが望ましいこと、また表示が必要であることな
どが意見として出されています (BfR 2017)。**コラム**参照。

定的な影響を及ぼしたことはこうした消費者の言葉の端々からも垣間見えます。

> A6(60代男性):研究はどんどんやった方がいいと思う。
> A4(40代男性):それはやった方がいいと思います。
> A6:どんどんやった方がいいと思う、よくても悪くても。その悪いのが出たときを隠さずどんどん公表してもらって。[1264–1266]

> A1(30代女性):結構いいことはやっぱり教えてはくれるけど、悪いことは教えてくれないから。[1129]

> A6(60代男性):ただ、それに伴う薬でもそうですけど、せきは止まるけど鼻が詰まりますよとか、おなかは治るけど、お尻がこうですよだとか、それに対する副作用の面というのも全部出した上で、じゃあ、どうしようか。(中略)よーいドンから悪いところを隠して、それこそ原発でもいいことばかり言って、じゃあ、事故が起こったときにどうするのといったことを考えながらスタートしたみたいに、それではやっぱり食品としてはまずいので、いろいろな研究があるのであれば、いいところも悪いところもやっぱり出した上で討議するということが絶対望ましいと思いますけどね。[1139]

> B1(30代女性):その情報ということで、その情報を示すのに例えば原発問題と似ていると思うんですけど。例えばそういう推進派だったらいいことしか書かないでしょうし、そんなうまい話はあるのかなというのはあります。[2043]

(2) 食品への表示と選択の確保

　規制において最も重要なポイントとなったのが、食品表示です。食品表示がなされてはじめて、消費者は選択できること、またゲノム編集技術を用いたものとそうでないものを区別することが重要と認識されている中では、表

58

コラム

ドイツ連邦リスク評価研究所(BfR)による
フォーカスグループ・インタビュー

　第1章でも述べましたが、ゲノム編集作物に関しては、市民との対話の取り組みは世界的にもほとんどなされていません。その唯一の例外が以下のドイツでの事例です。

　ドイツ政府のリスク評価研究所(BfR)は、ゲノム編集(CRISPR/Cas9)に対する市民の認識を明らかにするために2016年にフォーカスグループ・インタビューを実施し、その結果を2017年に公表しました(BfR 2017)。そこではゲノム編集技術に対する評価や情報、規制など多様な論点が議論されていますが、主なポイントを報告書(要旨)から紹介します。

〈基本的認識〉
○フォーカスグループの参加者にとってゲノム編集は遺伝子工学の一方式であり、このことから、参加者はゲノム編集に対して従来の遺伝子工学と同様に、注意深い態度をとっている。

〈リスクとベネフィット〉
○ゲノム編集のベネフィット・リスクの評価、つまり健康への影響や環境に優しいかどうかに関しては、従来の遺伝子工学よりも批判的評価がやや少ない。もっとも、遺伝子に変更を加える両手法を概念的に区別し、様々な定義づけを行って、違いがあることを無理に納得させようとすると、考えられる不当利得者(例えば薬品産業、遺伝子工学産業など)が自分たちの利益のためにひとを欺こうとしていると解釈される。
○全般的に、年配のひとよりもより若いひとが、また女性よりも男性の方が、新しい手法に対してより肯定的で理解がある。ゲノム編集の評価では、性別よりも年齢の方が、より重要となっている。
○特に利点として挙げられている点としては、医療分野での応用、病気や害虫に強い植物や栄養分に富んだ食料生産が期待されている。他方、リスクと

しては、経済的な動機が中心で個人の利益にならないこと、健康への未知の
リスクがあること、倫理的・宗教的な懸念、技術の乱用の危険性などが指摘
されている。

〈情報〉
○ゲノム編集に対する参加者の認知度は低く、知識も非常に乏しいこと。ま
た全国紙なども大部分の市民にこのテーマのことをまだ伝えきれていない。
○参加者はゲノム編集を利用して生産された食品の表記の義務付けを求めて
いる。
○ゲノム編集の利用に関して誰もが根拠のある決断ができるように、この手
法についての一般向けの情報提供や啓発活動が望まれる。

〈規制〉
○規制に関しては、所管の官庁によって厳しく規制されることが望ましい。
○規制により不当な利益を得る者が生まれないよう、規制担当部局は産業界
と無関係であるべきだと考えられている。そのためには、政府機関が招集す
る委員会の構成員には、消費者関連団体や学識経験者、また国連の機関な
ど、様々な機関に属する人々が参加することが良いと考えられている。
○輸出入が行われることを考慮すれば、国ごとの規制では限界があり、国際
的機関が参画することが期待される。

〈適用分野〉
○多数のひとが、食品の分野におけるゲノム編集の使用を認めていない。食
糧難の克服は、第一に分配の問題であるとされ、ほとんど正当性があるとは
受け取られていない。他方、ゲノム編集の医療への応用は、特に遺伝性疾患
の克服のためなら多数のひとにとって許容できるとされ、医療における方針
については、全般的に信頼が寄せられている。
○医療の分野と農業の分野におけるゲノム編集の応用の違いは、その必要性
にあると考えられている。つまり、農業の分野でこれが必要かどうかは定か
ではないが、医療の分野では、例えば救命のためにほかの選択肢がない場合
などは、その必要性が明らかだと捉えられている。

示は決定的に重要な意味をもつと考えられています。とくに、外来遺伝子を導入しない場合には、一般的にはゲノム編集由来の作物は他と区別できないとされていますが、このようにゲノム編集だとは分からない（見えない）のであれば、表示は一層必要であるとも考えられています。

　　D3（50代女性）：少なくても表示はしてほしいというか、選択肢は、もし市場に出回るようになっても。今の時点でも規制も必要だし、研究も両方必要だと思います。ただそれが本当に市場に出るようになったら、明確に分かる選択肢は、その違いが分からなくても、選ぶ自由は与えておいてほしいと。［4073］

　　A1（30代女性）：規制の表示もしてほしいですね。今、野菜の値段とかが上がっているので、やっぱり自分がスーパーへ行ったときに安いのを買っちゃうときがあるので、「少しでも安いのを」と思うひともいるし、あとは選べる時代なので逆に「高いけれども、いい物」というひともいるので、そういうのを考えるとゲノム編集作物が出ちゃった場合、必ず表示はしてほしいなと思います。それで消費者が選ぶみたいな。［1166］

　　C5（60代女性）：ゲノム編集の場合は、証拠というのか、何ていうのか、残らないんでしたよね。（中略）そうしたらなおさら、ゲノム編集をしたという表示は必要だと思うんですけれども、それはでも、ゲノム編集が人体に異常がないという方向性でいくのであれば、それは難しいのかも知れませんけれども、やっぱり消費者としては、ちょっと表示してほしいなという。［3047, 3049］

　しかし、食品表示の限界も指摘されています。例えば、外食で出されたものに使われていた場合、表示がないので選ぶことができません。また外国で表示なしで流通していた場合、こうしたものが輸入されてきた場合には、選ぶことは難しいだろうと考えられています。
　また表示そのものについて、消費者が理解できないまま表示されている点

への疑問も指摘されています。例えば、遺伝子組換え食品に関して、「遺伝子組換えでない」という表示がなされていることが、かえって買う側に不安を与えてしまっているという指摘です。これは、将来「ゲノム編集ではない」という表示がなされたとしても、いっそうの不安や困惑を消費者に与えかねない、という点が懸念されているように思われます。

> B5（60代女性）：お豆腐とかのパッケージに必ず、これは遺伝子組換えのものは使っていませんって出ているので、かえって不安な感じがしちゃう（笑）。じゃあ、ほかは何？とかって。あれは何かかえって不安だなと思いますね、表示されることによって。またそれが何が不安なのか分からない不安で。［2062］

またたとえ表示がなされたとしても、ゲノム編集した作物とそうでない作物との間で価格差が生じていた場合（ゲノム編集作物の方が安いと想定されています）、所得の違いによって、選択肢が限られてしまうことが懸念されています。スーパーなどでも値引きされたものを買っているひとを日常的に目にする中で、格差社会の存在と、所得の低さゆえにゲノム編集された食べ物を買わざるをえないひとが生まれる点に、懸念が表明されています。

> B1（30代女性）：やっぱり選択肢が広くなるのは経済的に豊かなひとがどうしても多くなってしまいますよね。かりにゲノム編集作物が出回ってすごく安くなって（中略）、どうしてもそれしか買えなくなってしまうのは低所得層だなと思います。［2154］

なお、表示することに関しては、個々の食品のパッケージに表示するということが想定されていますが、そうした表示は技術的に難しいだろうという意見もありました。食品への表示ではなく、ウェブサイトなどで情報を公開する仕組みが有効ではないかという意見です。表示に関しては物理的な大きさなど様々な制約がありますので、そうした中にあっても何らかの情報公開がなされるべきという意見と理解できます。

B6（60代男性）：やっぱり情報の開示は必要だとは私も思いますけど。ただ、それは例えばスーパーで売られているその商品にそんなの載せるかといったら、そこまでちょっとできないと思うので、まあ、さっき言っていたようにホームページだとか新聞雑誌だとか、そういったメディアの中で情報開示するとか、何かそういう開示の手段ですか、そういうのを考えるべきじゃないかなとは思いますけど。[2227]

（3）技術の暴走を食い止める倫理的な規制

　基本的にゲノム編集をめぐる規制に関しては、安全性確保のための規制（食品安全のためおよび環境への悪影響防止のため）と表示や情報開示に関する規制の2種類の規制をめぐって多くの発言がありました。ただ、それ以外にも、このような点にも留意するべきではないかといった発言がありましたので、2点ほどあげておきたいと思います。

　第1は、倫理的な規制と発言者が述べていますが、技術の暴走や悪用を防止するための規制です。ゲノム編集技術によって簡単に遺伝子を改変できるようになったということは、万一、悪意をもった人びとがそれを使用した場合、大きな悪影響をもたらしかねない、という懸念です。米国政府がCRISPRを大量破壊兵器のひとつに指定したという情報（ダウドナ＆スターンバーグ 2017）は、グループディスカッション時には紹介されていませんでしたが、同様の懸念をもつ参加者がいた点は注意する必要があると思われます。

B4（40代男性）：まず規制の中のひとつは安全性の規制。これは消費者が口にしたときに害が及ばない、これが究極の健康を守る、これが究極の目標ですね。次は倫理的な規制。いわゆるその技術が暴走して、とんでもないことに使われないようなことを防ぐということと、あともうひとつが北海道特有なのかもしれない、（中略）いわゆる現状の農業を守るという〔規制〕。[2212]

（4）ゲノム編集技術に対するより広範な規制

　第2は、上記の点ともやや関連しますが、ゲノム編集技術に対する広範な規制です。ゲノム編集技術が非常に広範な応用可能性をもつという点を重視し、より広い観点からとらえ、遺伝子組換え作物のとき以上に包括的な規制が必要であるという指摘がなされています。筆者の観点から言い直せば、ゲノム編集技術など、ライフサイエンスに生じつつあるドラスティックな変化を理解し、様々な分野にどのような影響を与えるのかを事前に把握しつつ、適切な規制や誘導を行うことが求められているといえるかも知れません。

　　D4（50代男性）：ちょっとゲノム〔編集〕の場合は遺伝子組換えにかかわる規制もあるけれども、遺伝子組換えとはまた違った規制が必要になってくるんじゃないかという余地があるんじゃないかな。
　　Fa：規制を遺伝子組換えよりも広くするみたいな。
　　D4：うん。改変の範囲が広くなって。技術的な進歩というのは時間とともに範囲が広くなるし、深くなるんじゃないかと思うんですね。そうするとゲノム〔編集〕の方が遺伝子組換えよりもその領域がやっぱり広まっているんじゃないかな。ということは、最低限遺伝子組換えの規制は必要なんだけど、それ以外のところでのかけなくちゃいけないところがあるんじゃないかな。それはゲノム〔編集〕の技術というのはどんなものだか分からないから何とも言えないんですけれども、まったく同じよりかはもう少し慎重にやるというのが必要なんじゃないか。
　　〔4276-4278〕

　ここでは、ゲノム編集技術の応用領域の広さが、遺伝子組換え以上に大きく、いわば汎用性の高い技術領域が利用可能になってきたことから、これらの技術領域を全体として管理していくことの重要性が指摘されています。米国で大きな議論を呼んでいるジーンドライブ[19]などもこうした議論の対象に

19　ジーンドライブ（Gene Drive）に関しては、国内でも大学関連の遺伝子実験施設の担当者で作る組織（全国大学等遺伝子研究支援施設連絡協議会）が「Gene Drive

含まれると考えられます。

北海道独自の規制に対する賛意

　全国レベルで規制を導入することとは別に、北海道独自の追加的な規制（例：表示や情報公開、栽培制限など）を導入することについても、強く支持される発言が見られました。このことは、グループディスカッションを通じて、遺伝子組換え作物に関する北海道独自の条例が存在しているという情報が共有される中で、こうした独自の取り組みへの賛同が広がった可能性があります。

　このように北海道独自の規制が支持される背景としては、北海道としてのブランド価値が消費者によっても高く評価されていることがあげられます。北海道産であるということ（またこれと結びついた自然や大地のイメージ）により、農産物が高く評価されている点から、こうしたブランド価値を守ることにつながるのであれば、追加的な規制はむしろ望ましいものと考えられています。とくに北海道が農業大国であることから、北海道における農産物が道外からどのように評価されるかは、北海道経済の将来に直結するものととらえられています。こうした北海道ブランドに対する高い評価は、北海道に

─────────────────────────────

の取り扱いに関する声明」（2017年9月）を出し、次のように注意喚起しています。「Gene Drive とは、特定の遺伝子の変異等の拡散を促進する技術であり、一定地域に生息する対象となる生物種集団全体の遺伝的性質を改変する潜在的能力があります。また、Gene Drive は、ゲノム編集技術の一つである CRISPR/Cas9 と組み合わさることで技術的に容易になり、その利用範囲も広がりを見せています。今後、基礎研究の他、感染症媒介生物や外来生物駆除等に関する研究を対象として、研究者が Gene Drive を利用することが予想されます。

　一方、Gene Drive を利用した生物（Gene Drive 生物）は、その特性からメンデルの遺伝の法則を凌駕して、その遺伝的性質を対象となる生物種集団に急速に拡散させる潜在的能力があり、その利用に関して注意を払う必要もあります。」
（出典）http://www.idenshikyo.jp/genome-editing/genome-editing_2.html（2018年10月2日取得）

転居した人びとだけでなく、もともと北海道に住んでいた人びとの間でも語られています。

なお、商業栽培ではこのように反対意見が多くみられますが、冷涼気候での実験が必要だというときに北海道で試験栽培することには問題ない、という意見も見られました。要するに、試験栽培であれば問題ないが、商業栽培には反対という立場と考えられます。

C6（70代以上男性）：私個人として見ると、やっぱり北海道というのは観光地としては全然別ランクだし、景色から何から日本じゃないし、もちろん緯度が違うので天候ももうまるっきり違うし、何ていうのか、ヨーロッパ的なんですよね。（中略）そういう点で、北海道だけがこういう規制をしているというのは北海道らしいなと思うんですよ。［3081］

C3（40代女性）：私の何か個人的な意見だと、北海道ってやっぱりそういう農業大国で、そういうものが売りなのかなというのがあるので、そういうところを考えると、やはり北海道独自の規制があってこういうことをしていますよというのも何かひとつのアピールというか、こういうふうに規制しているから安全なものを売っているという感じも見せることができるのかなという面では、独自のそういう規制があってもいいのかなとは思います。［3083］

C5（60代女性）：皆さんのご意見を聴いていたらやっぱり、あ、そうだな、と思います。やっぱり北海道は北海道で、自然な作物を作って提供していってほしいというか、していきたい、みたいな。そういう気持ちになりました。北海道だけの問題じゃないなとは思っていたんですけど、少なくとも北海道はゲノム編集しないで自然な作物を作っていってほしいです。［3085］

B5（60代女性）：これブランドに使えちゃうのかなと思う。北海道産だから安全ですよみたいなものなのかなとも思いますけど。［2196］

B6（60代男性）：むしろその北海道産だからこそ、ちゃんとゲノム編集あり、なしというのをきちっと明記した方がいいんじゃないかなと、条例なり何なりで、というふうに私は思うんですけどね。（中略）罰則規定がないと破ってしまうというのがあると思うんですよね。だからしっかりきちっとした罰則規定も設けるのがいいんじゃないかなとは思うんですよ。［2198］

C2（30代男性）：北海道ってやっぱり寒いので、寒冷地というところもあるので、日本全体で見て、寒冷地でゲノム編集作物がどういう育て方をできるのかという研究をするという余地はあると思うので、そういうところを考えると、試験栽培ぐらいはまあ、認めてもいいのかなと。ただ環境への影響というのもあるので、そこは何かしらの対策は必要だと思うんですけど、商業〔栽培〕はだめだと思います。規制するべきだと思います。［3090］

　以上からも窺えるように、北海道においては独自の規制を設けることが、北海道農業にとってプラスになることが異口同音に語られています。今回のグループインタビューでは、農業生産者の方に参加していただく機会を設けておりませんでしたので、例えば生産現場での問題などが語られ、そうした問題の解決にゲノム編集が何か大きく寄与する可能性が語られた場合には、今回のものと異なった発言が生まれた可能性はあるかも知れません。あるいは生産上のメリットはありつつも、やはり規制することがそれを上回るメリットとして認識されているということかも知れません。こうした点に関しては、生産者と消費者、あるいは他のステークホルダーも交えて、どのような相互作用が生じるか、別途検討する必要があるように思われます。

その他の意見

　以上、ゲノム編集作物に対する規制の必要性、規制の内容、北海道における追加的規制への賛同、といった論点を見てきました。最後に、規制をめ

ぐって述べられた発言の中から、消費者が抱いている基本的考え方や態度のようなものを窺うことができますので、それらの点について述べたいと思います。

第1は、情報量の不足です。ゲノム編集技術に関して、今回初めて聞いたという方がほとんどでした。絶対的に情報量が不足しており、なかなか判断できないという点がグループ討議でも繰り返し発言されています。萌芽的な科学技術である場合には、この点は常に付きまとう問題です。消費者にとってアクセスしやすい情報ができるだけ広く提供されていくことが望ましいのは言うまでもありません。とくに安全性の問題などは、きちんとした情報提供や情報公開をしてほしい、ブラックボックスにしないでほしいという意見が出されました。

> C4（40代男性）：私もやっぱり表示というところでは同様に、やっぱりブラックボックスにすべきではないと思います。あとはやっぱり、規制すべきか、すべきでないかというのは、正直私は一言で言うと分からないという答えしかちょっとないんですけれども、やっぱりその中で、先ほどのやっぱり課題の点とか、安全性の問題点といったところの情報が完全に不足しているんじゃないかなというところで、これらをきちんとやっぱり、どうやって取るかもそうなんですけど、ある程度整理していかないと。[3053]

第2は、判断を専門家に丸投げしないで、消費者が「規制の壁」にならなければならないという意見です。そのためには消費者自身も知識を身につけ、判断できるようにしなければならないという意見が聞かれました。

> B1（30代女性）：規制に関してやはり規制というのを専門家に丸投げしないで我々、消費者が規制の壁にならなければいけないんだと思いました。ちゃんと規制というものがちゃんと、だからそういう企業との癒着とかなしに、ちゃんと行えているのかというのを、やはり消費者も正しい知識を身に付けてそれでちゃんと判断できるような、それでここがお

かしいなと思ったらノーと言えるような、そういう消費者自身が壁になる必要もあると思いました。[2285]

　この背景には、原子力ムラなど、専門家と業界とがじつはつながっており、消費者の意見が反映されないまま、特定の技術を推進してきたという、これまでの構造が批判的にとらえられており、こうした状況に消費者が声を上げなければならないという主張と理解できます。新技術の背後には、それで利益を得ようという企業の思惑があること、そうした企業の隠された意図を読み取るべきといった内容の発言もあり、こうした構造に対して消費者が壁となり、しかるべき規制を導入するよう求めるべきというのが、こうした発言の趣旨と考えられます。ただしその反面、権限のあるひとがこうと決めてしまえば、消費者はそれに従わざるをえない、といった無力感も表明されています。消費者が日々感じるリアリティだと思われます。
　第3に、規制がもたらす意図せざる結果についてです。グループディスカッションでは、規制が必要だという発言が多くありましたが、そうした規制がもたらす意図せざる結果についても、いくつかの指摘がなされています。例えば、日本だけが厳しい規制を導入しつつも、他の国ではそうした規制が導入されない場合、日本が技術開発において立ち遅れ、また開発が遅れたことで農産物価格の内外価格差が生まれたり、場合によっては手遅れになり、海外から食料をさらに輸入しなければならなくなったりするのではないかといった指摘がなされています。さらには、先にも触れましたが、技術導入により価格低下が実現されたとしても、表示された場合には、これを忌避できる高所得者と、経済的に選択肢が限られている低所得者との格差が生じてしまうという問題も指摘されています。新技術は、改めて指摘するまでもなく、様々な社会・経済・文化的文脈の中に存在するものと考えられますので、その影響をすべての面で把握することはできません。その意味で、意図せざる結果は常に存在すると考えられます。グループ討論に参加した人びとも、こうした新技術がもたらす影響について多角的な観点から、懸念を表明したものといえます。研究者側からの提案以上に、様々な含意を消費者はそこから読み取っていると考えるべきでしょう。

次の発言は、前章でも引用されたものですが、研究が国際的な競争の中でなされていることで、規制が意図せざる結果をもたらしかねない点が指摘されています。

> D6（60代男性）：難しい問題は、例えば日本だけが規制をかけて、そうすると当然研究開発が遅れますよね。でも世界中のどこかの国では一切規制はかけない。がんがん金を掛けて商業的にも成功させてどんどんもうかった金でさらに研究して、どんどん進化していくわけじゃないですか、技術的にも。そうすると、「あっ、日本ももう食料が足りないから何とかしなくちゃいけないな」と思ったときに、技術的には全然遅れていて手遅れになって、結局もう今よりももっと遺伝子組換え作物を外国から目いっぱい輸入しなくちゃならないような事態になるわけですよね、きっと。それをよしとするかどうかという問題もあると思うんですよね。研究しているひとたちの立場で見れば。［4045］

　第4に、規制が必要とされているゲノム編集ですが、今後、研究開発を進めるべきかどうかという点では、「推進すべき」という意見も多く見られます。この点は、次の第5章でも触れられますが、ゲノム編集がもつ可能性や意義そのものは高く評価され、研究開発を進めるべきとする意見が多くみられることが、討論後アンケートからも伺えます。規制することと、推進することは背反するものではないというのが、消費者の感覚と理解できます。

> B4（40代男性）：たぶんいいように使えば本当に農家さんが少なくなっていく中で、私たちは食料自給率をそれなりに維持していって国にはもらわないと困るというのもあるので、有意義に使えば非常に有用な技術だとは思うので、そこをいかに私たちが監視していくかということなのかなと思ったので、他人事にしちゃいけないと思いました。［2294］

　最後に、グループディスカッションを行ったことでの規制に対する意見変化についても触れておきます。今回のグループディスカッションの終了時に

行った討論後アンケートでは、日本国内での規制、食品表示、北海道独自の規制、いずれにおいてもディスカッションを行う前よりも、規制強化に傾く方が多く見られました（国内規制では 24 名中 7 名、表示では 5 名、北海道独自の規制では 11 名）。逆にディスカッション後の意見として、より規制を緩やかにすべきという意見を表明した方は、わずかでした（国内規制では 24 名中 1 名、表示では 0 名、北海道独自の規制では 1 名）。意見の変化が見られなかった方も多数見られましたが、ディスカッションを通じて、規制緩和よりも規制強化に傾いた方が多かった点が特徴的です。議論を行うことで意見が変化したことをどう理解するべきかという点は、ここでは検討する十分な材料がありませんが、2 時間かけて各自がそれぞれの考え方を言いっぱなしにできる状況で議論し、合意や多数決もとらない中で、ある方向性での意見に傾いていった点は、そこに消費者の意思が反映しているとみるべきかも知れません。

ガバナンスにおいて考慮されるべき観点

　以上、本章では、グループディスカッションの中から、ゲノム編集作物に対して消費者が必要と感じる規制とその内容、その根拠についてみてみました。これらの発言からは、消費者が抱く新技術に対する望ましいガバナンス観といったものが読み取れるように思われます。最後にこの章を閉じるにあたって、この点に触れておきたいと思います。

①バランス感覚

　ゲノム編集作物に対して規制するべきかどうか、という点が論点になった時に消費者が参照したポイントとして、遺伝子組換え作物に対する規制があります。研究者の側は、ゲノム編集作物に外来遺伝子が挿入されていなければ、これを従来育種と同等と考えることがあるのに対して、消費者の側は今回のディスカッションでも言及されたように「遺伝子をいじったかどうか」という点が大きな関心事項でした。遺伝子をいじった＝操作したということであれば、比較対象とされるべきは遺伝子組換え作物であり、この点から考

えるとゲノム編集に対しても規制するということが当然で、その方がバランスはとれている、という考え方です。「規制を別に設ける理由が見当たらない」(D6、60代男性、4264；D1、30代女性、4265) といった発言に表れていると考えられます。

②時間性への配慮

また規制が必要であるという点は、消費者が抱く時間性の感覚からも正当化されています。新技術が登場したのが最近であることから、最初は「厳しめ」(B2、30代男性、2201) にしておく方がよいとの意見が表明されているように、最初は厳格なルールをもとに使用し、時間の試練をくぐりぬけて安全性が確認されていけば、社会の不安が解消されていくと考えられています。慎重な対応を行うことで、他の国々との競争に後れを取るという意見があったとしても、日本人はむしろ「安全第一主義」(A6、60代男性、1360) であり、この点をないがしろにすることは許されないだろう、というのが今回の参加者の感覚です。消費者が感じる時間性の感覚と齟齬が生じないようなあり方が、ガバナンスを構築するうえでは重要なポイントになるということを、以上の点は意味していると思われます。

ただし、この時間性に関しては参加者から様々な時間的単位についての発言がありました。「10年」(C4、40代男性、3133)、「何十年」(A6、60代男性、1418)、「何十代」「何千年」(A1、30代女性、1368) などです。どのようなタイムスパンが評価において妥当なのか、その感覚はひとによって違うのかも知れません。どの程度の時間であれば十分だと感じられているのかという点は、さらなる検討が必要です。

③受動性への懸念

研究開発に関しては積極的に進めてほしいという期待が大きい一方で、安全性などの観点で何か問題が生じた場合、否定的な結果などが出た場合には、こうしたネガティブな情報も公表してほしいという意見が聞かれました。消費者は研究者からすべての情報が伝えられているわけではなく、研究者にとって都合の良い情報だけが与えられているとの印象が抱かれていま

す。これは原発事故後の政府や科学者の情報提供のあり方に不信が高まった
経験なども踏まえ、繰り返し同じ構図がいろいろな場面で起きていることが
想起されつつなされた発言だと思われます。消費者が受動的な立場に置かれ
ているという状況を改善するために、積極的な情報開示が必要だとされてい
ます。

④選択権への配慮

　上記の受動性への懸念とも密接に関連する内容ですが、消費者は選択でき
ることが望ましいと感じています。ゲノム編集作物に由来した食品に対して
も選択できるように、「少なくとも表示はしてほしい」という意見が多く聞
かれました。遺伝子が改変された痕跡が残らないことは、むしろ表示が必要
であるという方向に感じ取られています。選択権を担保してほしいという考
え方は参加者の中でも広く共有された意見と思われます。ただ、これらの意
見は、男性よりも女性から積極的に述べられた例が多かったように思われま
す。ディスカッションの中でも、食品表示をスーパーなどで確かめるかどう
かという点で議論がなされた際、男性があまり見ないで買っているという意
見であったのに対して、女性からはしっかり食品容器の裏を見て確認してい
るといった発言が多くありました。日常的な買い物で表示を確認するという
習慣があるかどうかが、表示に対する意見に反映していると考えられます。

⑤経済的格差への認識

　前章でも触れられていますが、こうした表示を行ったとしても、選択権を
行使できるかどうかは経済的な要因によって左右されることへの認識もなさ
れています。経済的所得によっては、表示があったとしても、低価格のもの
を選択せざるをえない、そうした現実が長期的にどのような影響をもたらす
のかという点も懸念材料となっています。ただし、こうした点に対しては何
か政策で対応するべきという発言はありませんでした。むしろ社会的な現実
として受け入れざるをえないという、諦めにも似た気持ちとして表明されて
います。

⑥倫理性や包括性への配慮

　ゲノム編集技術が研究者にとって利用しやすいツールであることから、「技術の暴走」（B4、40代男性、2212）を食い止めるような規制、いわば歯止めが必要であるという発言がありました。研究者の倫理観を醸成することも重要ですが、規制面での対応も重要であるという指摘だと思われます。この点とも関わりますが、ゲノム編集技術が様々な分野に応用可能な技術であることから、どこにどのような形で展開していくのか現時点では予測しがたいという面が指摘されています。その意味でより広い観点から包括的な対応ができるようにあらかじめ準備しておくことが必要だとの指摘です。海外では、萌芽的な科学技術の登場をできるだけ早期に把握し、その社会経済倫理的な意義や規制への含意について検討する「ホライゾン・スキャニング」（松尾・岸本2017；科学技術動向研究センター2015）という活動が存在しますが、こうした活動をガバナンスの中に組み込んでおくということが、こうした懸念への対応になると考えられます。

⑦地域的文脈への配慮

　今回のグループディスカッションは、北海道で実施されました。北海道では、ディスカッションでも話し合われた通り、食の安全・安心条例や、遺伝子組換え作物の栽培に関する条例が制定され、遺伝子組換え作物の商業栽培に関しては、道の許可が必要となっているなど、これまでのクリーン農業政策を進めるための規制が存在しています。こうした地域的文脈の中で新技術がどのように理解されるかという点は非常に重要です。ゲノム編集技術は、研究者の視点から見れば新しい育種ツールとして、北海道の農業に大きな貢献をするものと期待できますが、今回参加した消費者の目から見ると、それはむしろ遺伝子組換え作物に近いもの、規制を区別する意味が見当たらないと感じられる技術、と受け取られたようです。北海道農業という地域的文脈を考えた場合、道産の農産物に対するイメージや評価を守るためには、これまでと同様に道独自に厳しい規制をかけることが有効であろうと考えられました。こうした考え方はおそらく都道府県ごとに異なる可能性がありますが、ある規制がどのようなリアクションを地域から誘発するかといった点は

重要なポイントであり、規制のもつ地域的文脈として留意する必要があると思われます。

　以上、消費者の発言から読み取れる、消費者が重視する基本的観点を述べてきましたが、これらの点を新技術のガバナンスにどのように活かしつつ、規制やルールを考えていくことができるかは、ゲノム編集技術に限らず、様々な領域にも当てはまる考え方のように思われます。ゲノム編集作物においても、日本における規制のあり方を長期的に考えるうえで重要な課題を提示していると思われます。

5. 討論後の意見と規制のあり方への視座

　各グループで2時間ずつ続いたディスカッションでは、締めくくりに、6名の参加者がひと言ずつ感想を述べました。

　あるグループでは、今回の議論への参加が、食べ物や日々の買い物について、改めて考える機会となったという発言が出ました。

　　B5（60代女性）：これからスーパーで買い物の見方が違ってきますね。
　　B3（40代女性）：食べ物についてこんなに考えたことは、本当に今まで生きてきた中でなかったんじゃないかなと思っています。今後、家族のためにどういう食べ物が影響を与えるのか考えたい［2291–2292］

　こうした発言に、食べ物のことはこれまで家族に任せきりで、関心をもってこなかったという反省の声も続きました。

　　B2（30代男性）：奥さんに任せきりだったんですけど（笑）、自分でちょっとたくさん見て、いろいろな知識を得ていきたいと思います。［2293］

　別のグループでは、異なる意見をもつひとと話し合うことの意義を感じたというコメントもありました。

　　D6（60代男性）：こういう場に来て、年齢も、それから経験も、あるいは専門も全然違うひとたちとディスカッションすると、「あっ、そういう見方もあるんだな」というのがいくつも出てきて非常に面白かった

し、勉強にもなりました。［4353］

D2（30代男性）：いろいろな意見が聞けたので、本当にこういう機会が
あったらまたいろいろな分野でもちょっと話を聞くだけでも楽しいなと
思いました。［4354］

B1（30代女性）：自分の中だけでまとめるんじゃなくて、こうやって皆
さんとお話ししながらいろいろな新しい知識を得たりとか、こういう見
方もあるのかということを考えるというので、またいろいろ考えがすご
く深くなったので、こうやって話し合いながら考えるという機会って非
常に重要で貴重だなと思いました。［2295］

　新たな知識を得たり、意見交換したりすることにとどまらず、他の参加者
と、食に関する不安などを共有できたのがよかったという感想もありまし
た。

D1（30代女性）：今日いろいろお話を聞けて、やっぱり誰しも食に対す
る不安というのももっていて、それがすごく感じられたのは今日、みん
な思っていることは一緒なんだなというのは。それぞれの多少の違いは
あっても根本にあるところは一緒だなというのは感じたので。特に北海
道のひと、食、すごく好きだよねというのを感じられたので、よかった
かなと思います。［4347］

　こうした肯定的な印象をもちつつも、「逆にストレスがたまっちゃって」
（4353、D6、60代男性）という感想もありました。「というのは、答えがな
いんですよ。ここにひとり専門家がいてくれて、そのひとに何でもぶつけて
答えが……答えを出すのが趣味みたいな人間なので、答えが見えないとスト
レスがたまる一方なんですよね」（4353、D6、60代男性）
　今回は、ゲノム編集作物や食品についての専門家がディスカッションに同
席して参加者に情報提供するような形式はとりませんでした。限られた時間

の中で参加者が話し合い、意見を述べる時間をできるだけ多く確保したいというのが、その基本的な理由です。さらに長い時間をかけられる機会があれば、今回のようなディスカッションと並行して専門家と質疑応答や意見交換をする機会も設けることで、議論がさらに深まる可能性はあると思います。

ただしその場合も、ゲノム編集作物のリスクや規制のあり方といった中心的な論点について、専門家が定まった「答え」を与えてくれる、ということにはならないでしょう。科学的な知見にもまだ不確かなところがありますし、とくにどのように規制すべきかについては価値判断と不可分です。いずれにしても社会全体での議論が必要な事柄であり、それだけに今回のような議論の場が重要になります。

ディスカッション終了後、参加者はアンケートに回答し、解散となりました。

以下、本章ではまず、このアンケート結果を用いて、今回の参加者の意見の傾向を、討論前後の変化も含めて改めて概観します。その上で、ディスカッションの実施後、2018 年夏以降に急速に展開した日本国内での規制の検討状況について報告し、最後に、今回の討論を通じて示された消費者の認識から、これからのゲノム編集作物の扱い、とくに規制のあり方を考える上でどのような手がかりが得られるかを考えたいと思います。

参加者アンケートの結果

今回のグループディスカッションでは、話し合いの内容の記録・分析に加えて、参加者が一人ひとりの意見を把握するため、ディスカッションの前後に同じ質問内容のアンケートを行いました。主な質問項目は表 5–1 の通りです。

以下、とくに断らない場合、熟議を経た意見がよりよく表れていると想定される討論後アンケートの方を用い、適宜、討論前アンケートの結果とも比較したいと思います。

表 5–1 討論後アンケートの質問項目

Q1 情報資料やディスカッションを通じて、従来の育種法による作物、遺伝子組換え作物、ゲノム編集作物の違いについて理解できたと思いますか。次の中からひとつ選んでください。(1 よく理解できた／2 まあまあ理解できた／3 少しだけ理解できた／4 あまり理解できなかった／5 全く理解できなかった)

Q2 次の3つのうち、あなたが最も不安を感じるのはどれですか。次の中からひとつ選んでください。(1 従来の育種法による作物／2 遺伝子組換え作物／3 ゲノム編集作物)

Q3 次の3つのうち、最も推進すべきと感じるのはどれですか。次の中からひとつ選んでください。(1 従来の育種法による作物／2 遺伝子組換え作物／3 ゲノム編集作物)

Q4 遺伝子組換え作物についてどのように思いますか。次のア～クの各項目について、あなたの考えに最も近いものを、1～5の中からひとつずつ選んでください。(項目・選択肢はQ4・Q5で共通)

Q5 ゲノム編集作物についてどのように思いますか。(以下、Q4と同じ)
ア 食糧の安定供給に役立つ　イ 人々の健康のために役立つ
ウ 経済に良い影響がある　エ 植物や昆虫の生態系が変化する
オ 安全性の確認が不十分である　カ 予期せぬ悪影響がある
キ 生命倫理上の問題を感じる
ク 良く理解できずなんとなくこわさを感じる

(1 そう思う／2 ややそう思う／3 あまりそう思わない／4 そう思わない／5 どちらともいえない)

Q6 日本国内におけるゲノム編集作物の規制について、あなたの考えに最も近いものをひとつ選んでください。（1 遺伝子組換え作物と同様の枠組みで規制を行うべき／2 遺伝子組換え作物と同様の規制は必要ないが、何らかの規制は行うべき／3 規制を行う必要はない）

Q7 ゲノム編集作物を用いてつくられた食品の表示について、あなたの考えに最も近いものをひとつ選んでください。（1 常に表示を義務づけるべき／2 栄養成分などの特性が変化した場合、表示を義務づけるべき／3 表示は企業の自主判断にまかせればよい／4 表示はしなくてよい）

Q8 北海道内におけるゲノム編集作物の栽培に関する規制について、あなたの考えに最も近いものをひとつ選んでください。（1 国が特別な規制を行わない場合でも、遺伝子組換え作物と同様に、条例等によって北海道独自の規制を行うべき／2 国が遺伝子組換え作物と同様の枠組みで規制するのであれば、遺伝子組換え作物に関する現行の道条例を適用する形で規制すべき／3 条例等による北海道独自の規制は必要ない）

Q9 ゲノム編集作物とその生活や社会への影響、規制のあり方など、今回のディスカッションのテーマについて、意見や感想を自由にお書きください。

付記：Q1 から Q5 の質問項目については、JSPS 科研費「ゲノム科学に対する一般市民、患者、研究者の意識に関する研究」(JP17019024 研究代表者：山縣然太朗)で使用した質問項目を代表者の許可を得たうえで一部改変して使用しました。

(1) ゲノム編集作物の可能性と問題点

アンケートでは、ゲノム編集作物の可能性や問題点について、8項目に分けて意見を聞きました (Q5)。意見は、それぞれの項目について、強く賛成する方から順に「そう思う」か「ややそう思う」「あまりそう思わない」「そう思わない」の4段階に、「どちらともいえない」を加えた5つの中から選んでもらいました。同じ項目を使って聞いた、遺伝子組換え作物に対する意見 (Q4) とも比較しながら、結果をみていきます。

まず、ゲノム編集作物のベネフィットとしては、「食糧の安定供給に役立つ」「人々の健康のために役立つ」「経済に良い影響がある」の3項目で意見を聞きました (図5-1)。この結果には第3章でも触れましたが、「食糧の安定供給に役立つ」は、「そう思う」9名、「ややそう思う」12名で、合わせて参加者24名中21名が肯定的でした。これに対して「人々の健康のために役立つ」に対しては、「そう思う」がゼロ、「ややそう思う」7名で、「あまりそう思わない」「そう思わない」ひとは合わせて10名、「どちらともいえない」も7名となり、より否定的な傾向が見られました。「経済に良い影響がある」については、この両者の中間のような結果で、「そう思う」「ややそう思う」がそれぞれ9名ずつで、計18名が賛成という結果でした。

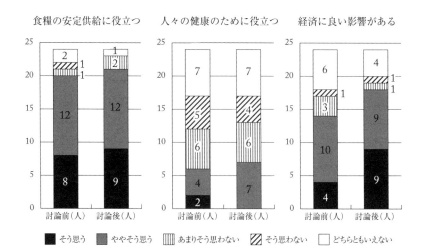

図 5-1 ゲノム編集作物のベネフィットについての意見

5. 討論後の意見と規制のあり方への視座　81

　以上の結果を総合すると、ゲノム編集作物が収穫量の増大や安定といった利点をもたらしうる可能性があるという見方には幅広い支持があり、その意味では経済に寄与する面はあるという見方もある程度支持されているけれども、栄養素の改善など、消費者にとって新たな付加価値を生み出しうると期待するひとは一部に限られる、という現状がみてとれます。

　ちなみに図には示していませんが、遺伝子組換え作物についてこの3項目に賛成（「そう思う」「ややそう思う」）のひとは、「食糧の安定供給に役立つ」18名、「人々の健康のために役立つ」4名、「経済に良い影響がある」14名であり、いずれの項目でも、ゲノム編集作物の方がやや評価が高い結果となりました。

　次に、環境への影響や安全性に関しては「植物や昆虫の生態系が変化する」「安全性の確認が不十分である」「予期せぬ悪影響がある」の3項目で意見を聞きました（図5–2）。「植物や昆虫の生態系が変化する」は「そう思う」5名、「ややそう思う」14名の計19名が懸念をもっていました。討論前アンケートでは「そう思う」9名、「ややそう思う」10名であり、強く懸念するひとの割合はディスカッション後に少し減っているものの、一貫して、生態系への影響を懸念するひとが多数を占めることを示しています。「安全性

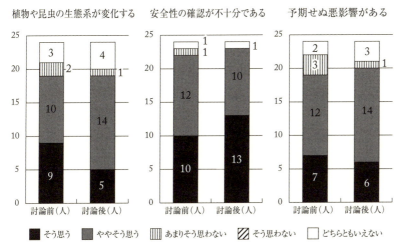

図 5-2　ゲノム編集作物の環境影響や安全性についての意見

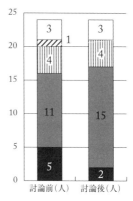

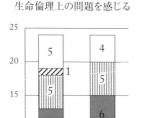

図 5-3 ゲノム編集作物をめぐる その他の懸念・不安

の確認が不十分である」に至っては「そう思う」13 名、「ややそう思う」10 名であり、ほぼ全員が安全性の確認に不十分さを感じているという結果になりました。討論前アンケートでは「そう思う」10 名、「ややそう思う」12 名であり、ディスカッション後に不安の度合いが強まっていることも注目されます。「予期せぬ悪影響がある」は「そう思う」6 名、「ややそう思う」14 名の計 20 名でした。

　これら 3 項目についても遺伝子組換え作物に対する意見をみておくと、各項目に対して賛成(「そう思う」「ややそう思う」)のひとは、「植物や昆虫の生態系が変化する」が 24 名中 21 名、「安全性の確認が不十分である」23 名、「予期せぬ悪影響がある」23 名であり、ゲノム編集作物と同等か、それよりも多くのひとが不安を抱いていることがわかります。

　さらに、その他の懸念や不安として、「生命倫理上の問題を感じる」「良く理解できずなんとなくこわさを感じる」の 2 項目で意見を聞きました(図 5-3)。前者は「そう思う」9 名、「ややそう思う」6 名の計 15 名(遺伝子組換え作物では 18 名)、後者は 2 名、15 名の計 17 名(同 18 名)でした。

　このように、遺伝子組換え作物と比較すると懸念や不安がいくらか緩和されている部分がみられるものの、ほぼ全員が「そう思う」「ややそう思う」

と回答した安全性の問題を筆頭に、ゲノム編集作物の悪影響に対する懸念は消費者に広く共通するものだと思われます。

(2) 規制についての意見

つづいて、第4章でも一部触れた、規制に関する3つの質問への回答をみておきたいと思います。

まず、日本におけるゲノム編集作物の規制について、全般的な意見を聞きました（Q6、図5-4）。遺伝子組換え作物に対する規制を基準に置いた3つの選択肢から選んでもらったところ、最も厳しい「遺伝子組換え作物と同様の枠組みで規制を行うべき」が18名、「同様の規制は必要ないが、何らかの規制は行うべき」が6名で、「規制を行う必要はない」はゼロでした。討論前アンケートでは、前2者がそれぞれ12名ずつでしたので、議論を経て、24名全体の傾向としては、より厳格な規制へと意見が変化したことがわかります。個人別の意見変化をみても、討論前から討論後へと規制を緩和する方向で意見変化したのは1名のみで、7名が厳格化する方向に変わりました。

ディスカッションの内容からもわかるように、食糧の安定供給や経済への好影響を中心に、ゲノム編集作物の可能性に期待するひとは少なくありません。そのひとたちも含めて、ほとんどのひとが、安全性の確認や、長期的な

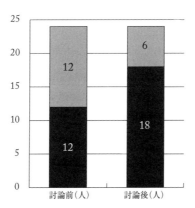

図5-4 日本国内におけるゲノム編集作物の規制について

予期せぬ悪影響のなどについて懸念を抱いています。可能性に賭けてゲノム編集作物の開発を推し進めるにせよ、厳しい規制が必要条件だというのが、消費者のほぼ一致した意見となるわけです。

　規制に関する質問としては、次に、ゲノム編集作物を用いてつくられた食品の表示に対する意見も聞きました（Q7、図5-5）。これは厳しい方から順に、「常に表示を義務づけるべき」「栄養成分などの特性が変化した場合、表示を義務づけるべき」「表示は企業の自主判断にまかせればよい」「表示はしなくてよい」の4択で答えてもらいました。結果は「常に表示」23名、「特性が変化した場合、表示」1名でした。討論前アンケートでは、前者が18名、後者が6名であり、これも規制を厳格化する方向へ意見が変化していました。「企業の自主判断にまかせる」とか、「表示はしなくてよい」というひとは、討論前・討論後ともゼロでした。

　ディスカッションの中でも、将来的にゲノム編集作物が市場に出回るようになることがある場合、消費者が選択できるようであってほしいという話は繰り返し聞かれました。その選択が現実には、廉価だがゲノム編集作物を用いた食品と、ゲノム編集作物を使っていないが高価な食品のいずれかを選ばなければならないようなものであり、低所得者がゲノム編集作物を選ばざるをえない状況になってしまう懸念はあるとしても、選択する権利を行使でき

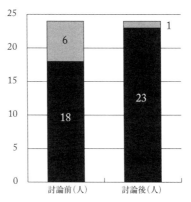

図 5-5　ゲノム編集作物を用いた食品の表示について

5. 討論後の意見と規制のあり方への視座　85

るよう、少なくとも表示はしてほしいというのが参加者に共通する意見でした。

そして、規制に関する3つめの質問として、ゲノム編集作物の北海道内における栽培に絞って、その規制の是非について答えてもらいました（Q8、図5-6）。

すでに触れたように、北海道には遺伝子組換え作物の栽培を規制する道独自の条例があります。日本の法律では、環境への影響の観点で問題がなく、食品・飼料としての安全性が確認されたもののみが「一般的な使用のための承認」を経た遺伝子組換え作物として、輸入や流通、使用、栽培などが認められます。逆に言えば、「一般的な使用のための承認」を経た遺伝子組換え作物であれば、原則として自由に栽培することができます（現実には、一部の花などを除いて、国内では遺伝子組換え作物の商業栽培は行われていません）。北海道の条例は、この全国共通の枠組みに加えて、承認を経た遺伝子組換え作物を栽培する場合であっても、知事の許可を得たり、届け出を行ったりする必要があるという制度です。

この現状をもとに、アンケートでは、北海道におけるゲノム編集作物の栽培に関する規制について、3つの選択肢を設定しました。

第1は、国がゲノム編集作物に対しては特別な規制を行わない場合でも、

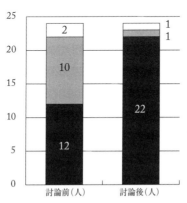

図5-6　道内でのゲノム編集作物の栽培に関する規制について

表5-2　最も不安を感じるもの／最も推進すべきもの
（討論後アンケート。数字は人数＝無効回答を除く）

従来育種		最も推進すべきと感じるもの			計
		従来育種	遺伝子組換え	ゲノム編集	
最も不安を感じるもの	従来育種	0	0	1	1
	遺伝子組換え	8	0	4	12
	ゲノム編集	4	0	5	9
計		12	0	10	22

この道条例をゲノム編集作物にも適用したり、または別の条例を新たにつくったりして、北海道独自の規制を行うべき、という選択肢です。

　第2は、国が遺伝子組換え作物と同様の枠組みでゲノム編集作物を規制する場合を想定したもので、その場合に限っては、現行の道条例を適用する形でゲノム編集作物の栽培を規制すべきだ、という選択肢です。

　第3は、国の規制の動向のいかんにかかわらず、道としては、現行の条例をゲノム編集作物に適用することを含め、独自の規制をしない、という選択肢です。

　結果は、「国が規制しなくても道独自の規制を行うべき」22名、「国が規制するなら」と「独自の規制は不要」が、それぞれ1名ずつでした。この質問も、討論前アンケートでは「国が規制しなくても」12名、「国が規制するなら」10名であり、話し合いを経て、全体としての意見がより厳格な規制の方向へと傾いたことがわかります。

(3) 最も不安を感じるもの／最も推進すべきもの

　アンケートでは、従来の育種法による作物と遺伝子組換え作物、ゲノム編集作物の3つの中から、「最も不安を感じるもの」と「最も推進すべきもの」をそれぞれひとつずつ選んでもらいました（Q2およびQ3）。この2つの設問への回答をクロス集計したのが表5-2です（いずれかの質問に無効回答があるひとは表から除いてあります）。

　この表の右端の列にあるように、「最も不安を感じるもの」は遺伝子組換え作物12名，ゲノム編集作物9名，従来育種による作物1名となりました。

ちなみに、この質問への回答は、討論前には遺伝子組み換え16名、ゲノム編集6名でした。それと比較すると、討論後にゲノム編集への不安が増加する結果となっています。

　次に、1番下の行の数字に注目していただきたいのですが、「最も推進すべきもの」を同じ3者から選ぶ質問では、従来育種12名に対して、ゲノム編集10名となっています。ゲノム編集作物の悪影響への懸念は拭えない一方、推進すべきだと考えるひとが半数近くいることは注目に値します。とくに興味深いのは「最も不安を感じるもの」「最も推進すべきもの」の両方にゲノム編集を挙げたひとが5名いることです。「最も不安を感じる」けれども「最も推進すべき」なのか、「最も推進すべき」だけれども「最も不安を感じる」なのか、それともその両方なのかは、ひとによって異なるでしょうが、興味深い結果です。第3章でも触れたように、このうち3名は同一グループの男性参加者です。このグループでは、ゲノム編集作物には悪影響の懸念はあるけれども、様々なメリットが存在することも明らかである、といった意見が交わされていました。また、日本だけが規制を強めるようなことになると、世界的な研究開発の動向から取り残されて不利な立場に追い込まれるおそれがある、という趣旨の発言があったのもこのグループです。こうした議論を経て、あえてリスクをとってでもゲノム編集作物の開発を進める必要があるという意見の形成につながっていった可能性があります。

(4) 自由記述欄への回答

　アンケートでは最後に、自由記述の設問（Q9）を設けて意見や感想を自由に書いてもらったところ、24名全員から回答がありました。ゲノム編集作物への期待や懸念、規制のあり方など、討論の中で表現された意見を改めて強調した回答のほか、ディスカッションに参加しての感想なども寄せられました。

　これらの記述は、熟議を経た参加者の最終的な意見が凝縮されたものと思われます。ここで主な内容を抜粋し、分類しておきたいと思います（明らかな誤字や表記の乱れは、修正したうえで掲載しました）。

①ゲノム編集作物の開発や利用に対する姿勢

　自由記述回答の中で最も多かったのは、今回の討論のテーマであったゲノム編集作物の開発や利用に関するスタンスを述べたものでした。15 名がこの点に言及していました。その中でも、研究開発は進めるべきとする意見が最も多く、7 名でした。

◆研究開発は進めるべき［7 名］

A4：今後試験栽培等をきちんとし安全性は必要だと思う。メリット、デメリットはあると思うが進歩は必要なので研究はしていくべきだと思う。（40 代男性）

A6：新技術は、どんどん導入されるべきだが、その行程において実験等で解明された悪い点であっても公表すべきである。食の安全は絶対に守られるべき事項なので、データは全て公表すべきだと思う。（60 代男性）

B2：ゲノム編集作物の技術の進展には有望に感じるので、これからも進めていってほしいが、安全性や倫理性がしっかり担保されることが重要であると改めて考えさせられました。（30 代男性）

B5：これからは世の中の流れとして必要な研究だと思う。（60 代女性）

C1：私自身はゲノム編集作物にもメリットがあると思うので、規制の中で安全に作られて、研究されていけば良いと思っています。（30 代女性）

D2：研究開発は進めるべき‼(30 代男性)

D4：試験段階と流通段階に分けて考える。試験段階では、最先端での研究を行い、その段階に応じて規制や情報開示を行うべき（今後 TPP での輸入対策にもなる）。流通段階では、より安全性での観点から上記を行うべき。（50 代男性）

　また、商品化も含めて積極的に推進すべきだと読み取れる意見は、3 名からありました。いずれも十分な規制を行うことを条件として挙げていました。ディスカッションへの参加を通じて見方が変化したと述べているひともいました。

◆商品化も含めて積極的に推進すべき［3名］

A3：これからの時代、ごくごく普通に市場に出回ってくるんだろうな、と
　　思う。でも、もっとも推進してほしいわけではないと思う。ディスカッ
　　ション前までは、「何かわからない作物はすべて拒否」という考えであっ
　　たが、これからの研究で、安全性が高められて、日本や北海道での規制
　　の方向性が見えてくると、手に取るものもあると思う。（40代女性）

C2：ゲノム編集作物＝悪というイメージがありましたが、議論を重ねる中
　　で、そうではない、うまく利用していけば、経済面ではメリットがある
　　ということが分かった。社会への影響は小さくはないが、制度面・現場
　　の取り決めがしっかりしていれば、有用なものになりそう。（30代男性）

A5：充分に安全性を確認した上で市場に出て欲しい。（60代女性）

　この他、商品化まで含むのかは明らかではありませんでしたが、「国の戦
略として、日本の存在感の為に推進すべき」（C6、70代以上男性）という記
述もありました。

　他方で、ゲノム編集作物の開発や利用には慎重さが必要であると強調した
ひとは4名でした。

◆慎重な対応が必要［4名］

A1：進化していくことも必要だけれど、自分が口にする食品なので、とて
　　も慎重になって考えてしまいます。（中略）食品ひとつだけではなく、そ
　　れを取りまく環境の変化にも目を配り進めていくべきだと思います。進
　　化していくことも必要だけれど守ることも必要だと思います。（30代女
　　性）

A2：安全性の問題、農業で働く人への影響など懸念点を多く感じた。少な
　　くても安全性が確かになってから販売してほしい。（30代男性）

B4：社会・環境への影響：完全な安全性が担保されていない状況では、ク
　　ローズドなものであるべき。特に従来種との交雑により、既存のものに
　　悪影響が及ばないよう、充分に配慮されなければならない。（40代男性）

D1：理解が進まないことに対する不安が大きいと感じた。わからないとい

うことと、影響への不安からも、規制の必要性を強く感じた。(30代女性)

②規制のあり方

　以上のような「推進か、慎重か」という姿勢とは別に、規制のあり方自体についての記述もありました。

B4：規制に関して：規制には①安全性の規制、②倫理的規制、③既存の農業を守る規制が必要と思う。①に関しては安全性試験、オフターゲット変異の確認、追跡調査などが考えられ、これに基づいた規制が必要と思われる。②については永続的な倫理委員会、評価委員会などが必要と考える。③については定期的な標本採取による遺伝子検査などが必要と思われる。その中で発展していけば良いと思う。(40代男性)

B6：ゲノム編集作物の安全性が十分に確認でき、尚かつ、ゲノム編集作物の表示を義務化すべきと思う。(60代男性)

C5：商品への表示義務は必須。一人一人が選択できるように。研究者も販売者も、人間も動物(有機物？)という事を忘れないでほしい。(60代女性)

　北海道における栽培に対する独自の規制について記述しているひとも、3名いました。

C1：北海道独自の規制が遺伝子組換え作物にあること自体知らなかったので、やはり北海道の作物の安全性の高さを実感しました。ゲノム編集作物についても、同様に進めてもらいたいと思います。(30代女性)

C3：北海道独自の規制があってもいいと思いました。(40代女性)

D2：北海道だからこそ、しっかりと規制を行い、同様に安心安全な情報を公開して、農産業を守るべきだと思いました。(30代男性)

③消費者としての意識・役割を再考

　グループディスカッションへの参加を通じて、自分自身の消費者としての意識や役割を見つめ直したり、考え直したりする機会になった、という記述もみられました。

B1：最初に資料を読んだ時、「ゲノム編集作物」については初耳で、おそらくほとんどの一般消費者は同じように知らないのではないか、と思いました。実際にどのような影響が出るかは未知数の部分が大きいと思いますが、私達一般消費者が「専門家にまかせること」「他人事」「自分世代には関係ない」と思わず、知識や判断力、リテラシーをもって判断できる「壁」にならなければいけない、そのための力を身につけていかなければならないと強く感じました。（組換え食品、みんな気にしているものと思っていました…）（30代女性）

B2：他人事ではなく、自身に起こりうることを常に感じながら、規制のあり方等に多少なりとも参画していけたらと思いました。（30代男性）

B3：自分が口にするものなので安全に食べられるようなものが当たり前だと思っていました。（40代女性）

B5：食品表示をきちんと見るよう気をつけたいと思った（今まであまり注目していなかった）。店頭の商品は全てが安全であるべきと考える。（60代女性）

④情報共有や教育の必要性

　消費者自身が判断し選択したりするには、そのための材料となる情報が必要だ、という意見は、討論の中で繰り返し述べられていました。こうした観点から、ゲノム編集作物について、消費者に情報発信したり、学校教育の中で取り上げたりすべきという意見はアンケートでも見られました。

C3：ゲノム編集作物についての報道が増えることを期待します。（40代女性）

C4：国民への情報開示（事前に）

　　ゲノム作物とは……　デメリットは……（40代男性）

C5：ゲノム編集について教育機関での教育（義務教育）が必要。国民一人ひとりが知識、理解を深める機会をもうけるため。（60代女性）

C6：国、地方自治体、農家、一般消費者のメリット・デメリットを明示し、経済の活性を進めるべき。マイナス面の情報は速やかに開示すべき。（70代以上男性）

⑤ディスカッション参加の感想

　この他、ディスカッション参加の感想を記した回答もありました。

　「今回の参加のために、本テーマに関する勉強ができたことが最もメリットであると感じた」（C4、40代男性）、「ゲノム編集作物について少しですが勉強できて良かった」（A5、60代女性）など、ゲノム編集作物について知る機会を得られたことが有意義であったというコメントのほか、「様々な意見をもっている人がいて楽しかった」（C3、40代女性）、「自分では気がつかない点なども聞けて参考になった」（D3、50代女性）というように、他の参加者との意見交換に触発されたという記述もありました。

　その一方で、「とても難しい課題だとディスカッションに参加してとても感じました」（A1、30代女性）、「一度資料を読んでも全く頭には入りませんでした」（B3、40代女性）など、テーマや資料が難しかったという声もありました。討論終了時の感想でも触れられていましたが、「最後の30分程度でよいので、専門家とのセッションをもうけてほしい。視点は広がったが山のような？に答えがほしい」（D6、60代男性）という記述もありました。

　以上の記述からも、今回の参加者は、ディスカッションを通じて他のひとの意見にも触れつつ、ゲノム編集作物やその規制のあり方についてじっくりと考える機会を得て、自分の意見を固めることができたと判断できます。テーマや情報資料に対してとっつきにくさを感じた参加者は少なくなかったものの、ゲノム編集作物に対する熟議を経た意見を明らかにするという狙いは、最終的には達成できたといえそうです。

国内における規制の検討状況

(1) 環境省および厚労省における検討状況

　日本における規制の検討に関しては、グループディスカッションの実施後、2018年夏以降に大きな動きがみられました。6月に公表された「統合イノベーション戦略」(2018年6月15日閣議決定)の中でゲノム編集技術に関する規制上の位置づけを明確にするよう書き込まれたためです。具体的には次のように記載されています(「第6章　特に取組を強化すべき主要分野」のうち「(2)バイオテクノロジー」)。

　　ゲノム編集技術の利用により得られた生物のカルタヘナ法上の取扱い及び同技術の利用により得られた農産物や水産物等の食品衛生法上の取扱いについて、2018年度中を目途に明確化、国際調和に向けた取組の推進(pp.65–66)

　もともとゲノム編集作物に対しては、「新しい植物育種技術」の一環として、様々な場で検討が行われてきました。例えば、2015年9月には農林水産省が「新たな育種技術研究会」の報告書を出しましたが[20]、検討そのものは2013年10月から始まっています。筆者のひとりである立川もこの研究会に委員として加わっています。またこの研究会以降、経済産業省や厚生労働省、環境省などでは、ゲノム編集技術に由来した製品をどのように規制するべきかが課題になっていることは十分に認識されていたと考えられますが、具体的な検討の場を立ち上げるまでには至りませんでした。研究者の中には、規制上の位置づけがなかなか決まらないことにいら立ちを感じる人びともいたはずです。このような状況が大きく転換したのが、上記の「戦略」

20　報告「ゲノム編集技術等の新たな育種技術(NPBT)を用いた農作物の開発・実用化に向けて」(新たな育種技術研究会)。またこの報告に先立って、日本学術会議からも、「植物における新育種技術(NPBT : New Plant Breeding Techniques)の現状と課題」と題した報告も公表されています(2014年8月)。

の公表でした。

　環境省は中央環境審議会自然環境部会遺伝子組換え生物等専門委員会において、ゲノム編集技術に由来する生物に関して、カルタヘナ法上の位置づけについて検討を開始しました。基本的な方針が確認されたのち、その内容に関して 2018 年 9 月から 10 月にかけてパブリックコメントが行われました。コメントを踏まえて、2018 年度内には最終的な結論を得ることになっています。そこでの基本的な方向性は、以下に述べるようなものとなっています。

　すなわち、DNA の一部を取り除くなどして、遺伝子の発現を抑えるような技術 (SDN1 と呼ばれています) から得られた生物に関しては、基本的にカルタヘナ法の「規制対象外」とする一方で、細胞外で加工された DNA 配列を再現させるような操作 (SDN2 と呼ばれます) や、交雑可能な生物以外から外来遺伝子を取り出してこれを導入するような操作 (SDN3 と呼ばれます) を経て作られた生物に関しては規制対象とするというものです。

　なお、規制対象外とみなされた生物に関しても、まったく自由に利用するということではなく、野外でこうした生物を利用する場合には、当面の間、いくつかの点に関して情報提供を求めることにしています。具体的には、どのような改変をおこなったのか、外来の遺伝子は残っていないか、環境への影響についてどのように考えるかなどの点について、関係する行政部局に提供することになっています。

　環境省とは別に、厚生労働省 (薬事・食品衛生審議会食品衛生分科会新開発食品調査部会遺伝子組換え食品等調査会) においても、食品安全の観点からゲノム編集生物由来の食品に関してどのように取り扱うべきか検討がなされています。両省の検討内容には、規制範囲をめぐって、やや違いが見られるようですが、こうした点も含めて、2019 年中には一定の方向性が示されるものと思われます。

(2)「当面の間」

　カルタヘナ法上の位置づけの検討の際にも示された通り、規制対象外とみなされたものであっても、野外での利用の場合には、「当面の間」は改変の具体的内容や生物多様性影響に関わる影響可能性などについて情報提供を求

めるとされています。当面の間とされたのは、この技術自体が比較的新しい
ものであることから、その利用や影響に関して知見の蓄積が必要だと考えら
れたためだと思われます。科学技術の新規性は、行政部局や科学者からも、
暫定的な措置の導入を正当化するものになっているといえます。グループ
ディスカッションでも技術の新しさがゆえに規制の必要性が言及されていま
したが、その意味で消費者の感覚は行政や研究者からかけ離れたものではあ
りません。

　またこの「当面の間」には、科学的な知見だけではなく、社会的な受容や
理解という側面も込められている可能性があります。今回のグループディス
カッションの議論からすれば、ゲノム編集由来の生物の一部を規制対象外と
したことは、消費者の目からすれば不十分と考えられるかも知れません。こ
うした対応が適切なものかどうか、やはり時間をかけて経験やデータを蓄積
していくことが必要で、そのためにも当面の間は情報提供にもとづき知見を
収集し、場合によっては新たなルール導入の可能性にも開かれているという
ことが、消費者にとっては重要な情報だと思われます。

(3) 世界的にも意見は多様

　今回のグループディスカッションでは、参加者の間でいろいろと意見の違
いが見られましたが、世界におけるゲノム編集作物に対する考え方も実は大
きな多様性をもちながら展開しつつあります。アルゼンチン、ブラジル、チ
リなどは、外来遺伝子が導入されていなければ、従来育種のものと同様の取
扱いとなっています。他方、EUやニュージーランドでは、裁判を機に裁判
所が法令解釈を行い、その国の法律の基本的な考え方、とくに慎重な姿勢を
とる「予防原則」の考え方にたって、ゲノム編集由来生物を規制対象である
と結論づけました。まだいずれの立場とも決めかねている国も多数ありま
す。日本は上記に挙げた国の中間的な立場といえるかも知れません。このよ
うに世界的にみても、各国の対応は一様ではありません。このような取り扱
いの違いが国際貿易に混乱を引き起こすのではないかと懸念されています。
そのために国際的な共通の取り扱い、すなわち規制の相互調整（ハーモナイ
ゼーション）が求められていますが、現実的には難しいと考えられています。

結論と残された課題

　今回のグループディスカッションを通じて示された、ゲノム編集作物に関する消費者の意見を改めてまとめると、次のようになります。

　食品としての安全性や、環境・生態系への影響に関しては不安があり、とくに長期的な影響について強く懸念する意見が圧倒的でした。経済的な格差や農業のあり方の変化といった経済的・社会的な側面や、生命倫理の面でも問題が生じうるという意見も数多く出され、幅広い観点で影響が懸念されている様子が見てとれました。これらの不安や懸念を語る際、参加者は、従来の遺伝子組換え作物に関する、自らの見聞や経験などをたびたび参照していました。そもそも参加者の間では、ゲノム編集作物は、遺伝子組換え作物と本質的に大きな違いがないという受け止め方が支配的でした。

　ゲノム編集作物のベネフィットに目を転じると、ゲノム編集作物が食料の安定供給に寄与しうる可能性については、多くの参加者が肯定的でした。その一方で、食味や栄養素の改善など、食品としての付加価値をより直接的に高めるメリットに対しては、そこまで強くは期待されていないという状況も垣間見られました。それでも、ゲノム編集作物がベネフィットをもたらしうる可能性について、多くの参加者が何らかの形で理解を示していたことには注目しておきたいと思います。

　かりに、そうしたベネフィットを追求する場合でも、上に述べたような様々な不安や懸念がある以上、規制を導入して慎重に進めてほしいというのが、ほとんどの参加者に共通する意見でした。規制の内容は、第4章でも分析された通り、安全性確認とその結果の情報開示はもちろんのこと、消費者の選択する権利を確保するための食品表示、さらには技術の暴走を抑えるための倫理的な規制にまで及んでいます。

　見逃せないのは、こうした規制を求める意見が、討論後のアンケートで、従来育種による作物や遺伝子組換え作物などと比べてゲノム編集作物を最も推進すべきだと答えたひとたちの間でも共通していたことです。ゲノム編集作物の開発や利用に消極的な人ばかりでなく、積極的に推進すべきだと考えているひとたちも同じように規制を求めているというのは、いったい何を意

味しているのでしょうか。

　ここで改めて思い出されるのは、ゲノム編集作物を最も推進すべきであると答えた10名のうち、半数の5名は「最も不安を感じるもの」としてもゲノム編集作物を選んでいたという事実です（表5-2）。第3章でも論じたように、こうした参加者の間には、様々なリスクを冒してこそ、大きなベネフィットが得られるという考えがあるものと思われます。日本において開発や利用を進めなければ、結果的に他国に遅れをとり、不利益を被るおそれがあるという意見を述べていたひとがいたことは、第3章・第4章で繰り返し言及した通りです。

　したがって、規制を求める意見を、単純に不安や懸念からゲノム編集作物を敬遠した結果とみるのは表面的でしょう。今回の参加者の多くは、これらの不安や懸念を、ベネフィットと裏腹に存在するリスクとしてとらえていました。ゲノム編集作物のベネフィットも理解しつつ、ひとによっては、あえてリスクをとって開発や利用を進める必要があるかもしれないとも考えており、そのリスクをとるための条件として、万全の規制を導入して慎重に進めるよう求めているのです。要するに、リスクをとる必要があるのだとしても、まずはそのリスクをとれる態勢を整えなければならない。これが、ゲノム編集作物を積極的に推進すべきだと考えているひとも含めて、規制に対する圧倒的な支持があったことの意味だといえます。

　ベネフィットとリスクということを考える場合、もうひとつ、今回のディスカッションから読み取るべき、重要なポイントがあります。それは、誰にとってのベネフィットか、誰にとってのリスクかという問題です。

　例えば、長期的な影響についての議論では、後の世代により大きな影響が現れるかもしれないという不安が語られていました。ここには、現世代のベネフィットを重視して導入した技術が、次世代にとってはとりかえしのつかないリスクになるかもしれない、という論点が存在しています。また、討論の参加者は、現世代の間でも、ゲノム編集作物によって利益を得るのは誰であり、リスクを負担するのは誰か、ということにも意識的でした。具体的には、特許により企業が利益を独占されるのではないかとか、所得格差によりゲノム編集作物を選ばざるをえないひとが固定化されるのではないかといっ

た懸念が語られていました。ここで問われているのは、リスクやベネフィットの分配をめぐる公正さです。

　グループディスカッションの参加者は、ゲノム編集作物について特別に関心をもっているひとではなく、あくまでも一般の消費者の縮図として集まっていただいた方々でした。しかし、一定の情報提供と熟議を経て発せられた意見は、狭い意味での消費者として自分や家族の食べ物の安全を求める、という範囲にとどまらず、リスクをとるための条件としての規制の整備や、ベネフィットやリスクの分配の公正さといった論点にまで広がりを見せていました。こうした論点は、今後のゲノム編集作物の扱いを考える際にはもちろんのこと、他の先端技術の開発や利用をめぐる問題にも考慮すべきポイントであるといえます。

　最後に、本研究の限界と、残された課題にも触れておきたいと思います。

　まずは、参加者に対する事前の情報提供のために用意した資料についてです。この情報資料を本書に付録として収めるにあたって、専門の研究者からもコメントを求め、参加者に過度なバイアスをかける内容になっていなかったも含めて、事後的に検証を行いました。研究者からは文言も含めて多くのコメントを頂きましたが、とくに重要な指摘としては、下記のような点がありました。

①資料では「DNA は切断されると自然修復する機構をもつ」という説明が省略されているので、DNA が切られたままの改変のようなイメージをもった参加者もいたかもしれない。

②「遺伝子を破壊する」という表現は、参加者にはどのようなことか伝わりにくかったのではないか。

③「高い精度で効率よく遺伝子を改変」、また「複数の遺伝子改変を同時にひとつの作物に導入」に言及し、「遺伝子組換え作物と比べても大きなメリットがあることは間違いありません」と述べている点に関しては、やや強調しすぎているのではないか（技術によっては、成功率はそれほど高くない）。

　これらの点は、最新の科学的知見に関する筆者ら主催者側が有する制約を示すものであり、参加者への情報提供としてさらに工夫の余地があったとい

えます。しかし、③にあるようにややメリットを強調している傾向はみられたものの、例えば恐怖心をあおるなど、過度なバイアスを与えて参加者を誘導するような情報資料にはなっていなかったと考えられます。こうした意味で大きな問題はなかったように思われます。

　また、グループディスカッションの設定自体にも制約がありました。今回は、各グループ2時間のディスカッションという、初対面のひと同士がまとまった話し合いをするには、おそらく最小限の時間枠で行いました。かりに1日ないしは2日がかりで、情報提供も上記の情報資料だけでなく、専門家を直接招いてレクチャーや質疑応答を行うなどできれば、議論はさらに広がりと深みを増した可能性があります。

　今回は、札幌圏の一般消費者を対象として行いましたが、こうしたテーマは、同じ北海道内でも札幌と地方とでは人びとの認識が異なるでしょうし、他の都府県で行えば、それぞれの地域ごとに特徴が見られるかも知れません。また、一般の消費者だけでなく、農業や食品の生産、流通、販売などに携わる人たちを交えた話し合いも、今回見出された論点を深める上では、試みる価値があると思います。

　日本での規制の方針はいったん固まりつつありますが、ゲノム編集作物を社会の中でどのように扱っていくかの議論は、これからも継続していく必要があると思います。その際に、今回のグループディスカッションの方法や結果が参考にされることを願っています。

参考文献

NHK「ゲノム編集」取材班(2016)『ゲノム編集の衝撃:「神の領域」に迫るテクノロジー』NHK出版.

科学技術動向研究センター(2015)「ホライズン・スキャニングに向けて:海外での実施事例と科学技術・学術政策 研究所における取組の方向性」『STI Horizon』1(1):13–17.

加藤直子・前田忠彦・立川雅司(2017)「適用技術の違いが農作物のリスクベネフィット意識に与える影響:ゲノム編集技術に着目した定量的検討」『フードシステム研究』24(3):257–262.

小林傳司(2004)『誰が科学技術について考えるのか:コンセンサス会議という実験』名古屋大学出版会.

小林傳司(2007)『トランス・サイエンスの時代:科学技術と社会をつなぐ』NTT出版.

篠原一編(2012)『討議デモクラシーの挑戦:ミニ・パブリックスが拓く新しい政治』岩波書店.

城山英明・吉澤剛・松尾真紀子・畑中綾子(2010)「制度化なき活動:日本におけるTA(テクノロジーアセスメント)及びTA的活動の限界と教訓」『社会技術研究論文集』7:199–210.

ダウドナ,ジェニファー,サミュエル・スターンバーグ(櫻井祐子訳)(2017)『CRISPR(クリスパー):究極の遺伝子編集技術の発見』文藝春秋.

立川雅司(2017)「バイオ技術をめぐる新たな潮流:ゲノム編集技術をめぐる期待と規制」『農業と経済』83(2):17–22.

立川雅司(2018)「ゲノム編集技術をめぐる規制と社会動向:農業・食品への応用を中心に」『科学技術社会論研究』15:140–147.

立川雅司・加藤直子・前田忠彦(2017)「ゲノム編集由来製品のガバナンスをめぐる消費者の認識:農業と食品への応用に着目して」『フードシステム研究』24(3):251–256.

立川雅司・三上直之編著(2013)『萌芽的科学技術と市民:フードナノテクからの問い』日本経済評論社.

田中久徳(2007)「米国における議会テクノロジー・アセスメント:議会技術評価局(OTA)の果たした役割とその後の展開」『レファレンス』57(4),99–115.

BSE問題に関する討論型世論調査実行委員会(2013)『BSE問題に関する討論型世論調査報告書』.

フリック，ウヴェ（小田博志ほか訳）（2011）『新版 質的研究入門：〈人間の科学〉のための方法論』春秋社.

松尾真紀子・岸本充生（2017）「新興技術ガバナンスのための政策プロセスにおける手法・アプローチの横断的分析」『社会技術研究論文集』14: 84–94.

三上直之（2007）「実用段階に入った参加型テクノロジーアセスメントの課題：北海道「GMコンセンサス会議」の経験から」『科学技術コミュニケーション』1: 84–95.

三上直之（2012）「コンセンサス会議：市民による科学技術のコントロール」篠原一編『討議デモクラシーの挑戦：ミニ・パブリックスが拓く新しい政治』岩波書店，pp.33–60.

三上直之（2015）「市民意識の変容とミニ・パブリックスの可能性」松本功・村田和代・深尾昌峰・三上直之・重信幸彦『市民の日本語へ：対話のためのコミュニケーションモデルを作る』ひつじ書房，pp.81–112.

吉澤剛（2009）「日本におけるテクノロジーアセスメント：概念と歴史の再構築」『社会技術研究論文集』6：42–57.

若松征男（2010）『科学技術政策に市民の声をどう届けるか：コンセンサス会議、シナリオ・ワークショップ、ディープ・ダイアローグ』東京電機大学出版局.

渡辺稔之（2007）「GM条例の課題と北海道におけるコンセンサス会議の取り組み」『科学技術コミュニケーション』1: 73–83.

Bundesinstitut für Risikobewertung（BfR）（2017），"Durchführung von Fokusgruppen zur Wahrnehmung des Genome Editings（CRISPR/Cas9）". https://www.bfr.bund.de/en/press_information/2017/44/risk_perception_of_genome_editing__reservations_and_a_great_demand_for_information-202581.html

Jasanoff, Sheila（2005）*Designs on Nature: Science and Democracy in Europe and the United States*, Princeton University Press.

Jones, K.E. and Irwin A. 2010: "Creating Space for Engagement? Lay Membership in Contemporary Risk Governance," in Hutter, B.M.（ed）*Anticipating Risks and Organising Risk Regulation*, Cambridge University Press, pp.185–207.

あとがき

　ゲノム編集作物がテーマの本書ですが、筆者は二人とも、社会学や科学技術社会論が専門の社会科学系の研究者であり、農作物や育種、植物の専門家ではありません。その私たちがなぜ、このような本を書くことになったのか、遅ればせながら少しご説明したいと思います。

　立川は農業や食料、それらに関わる技術や政策のあり方を主な対象として、遺伝子組換え作物や、ナノテクノロジーの食品への応用などを取り上げ、社会学的なアプローチで研究を行っています。一方、三上は環境や科学技術に関する政策決定における市民参加やコミュニケーションの問題について、自ら参加型手法の開発や実践も行いつつ、研究してきました。2006年頃、立川が、ナノテクノロジーの食品への応用をテーマとした新しい研究を始める際、その一環として、今回のような市民パネル型の会議を用いて人びとの意見を探ろうと考え、参加型手法をテーマとしている三上を誘ったのが、私たちの共同研究の始まりです。それから10年以上にわたり、立川が代表となって行う農業・食料に関する共同研究のプロジェクトに三上が参加し、参加型手法を用いて、農業・食料分野における先端技術の開発や利用をめぐる市民の意見を探る研究を重ねてきました。2016年春からの3年間は、「農業におけるゲノム編集技術をめぐるガバナンス形成と参加型手法」をテーマとした共同研究に取り組んでおり、その一部が、本書で報告したグループディスカッションでした。

　2018年3月にグループディスカッションを実施した後、話し合いの内容を報告書にまとめる作業を行っていた頃、三上が、ひつじ書房社長の松本功さんと久しぶりにお会いする機会がありました。近況報告としてこのお話をしたところ、農業や食、科学技術をめぐる「話し合い」の実践として関心をもって受けとめていただき、書籍の形で公表することを強く勧めていただきました。

執筆は第1章・第4章（コラムを含む）を立川が、第2章・第3章と、はじめに・あとがきを三上が担当し、第5章は共同で行いました（主に1節の参加者アンケート結果は三上が、2節の規制の検討状況は立川が担当）。分担は以上の通りですが、草稿を交換してコメントを入れつつ推敲を重ねており、本書全体が実質的に共同作業によるものとなっています。名古屋と札幌とで1000キロ近く離れての執筆は、定期的な打ち合わせの手段であるインターネット無料通話サービス（Skype）に大いに助けられました。

ところで、食に関する「リスクコミュニケーション」を銘打ったイベントは、近年では、行政機関などの主催により頻繁に開かれるようになっています。食品衛生や食品添加物などのリスクの問題について、私たちが自ら判断するための情報を得る機会が増えてきたのは歓迎すべき傾向です。ただ、そうしたイベントの多くは、専門家の話を一方的に聞く講演会形式のものが中心で、今回のグループディスカッションのように、消費者自身が話し合いながら自分の考えを深めることができるようなものは、まだ必ずしも多くないように思います。

本書で報告したグループディスカッションは、ゲノム編集作物の可能性と問題点、規制のあり方について、事前に一定の情報提供はするものの、基本的には全く自由に話していただく形式で行いました。各グループ2時間ずつという限られた時間でしたが、第3章・第4章で報告したように、様々な角度からの話し合いが展開されました。これをゲノム編集作物についてのリスクコミュニケーションとしてとらえるなら、参加者が感じたことや疑問に思ったことを自由に話せる機会をつくることの意義を、改めて示すものだったといえると思います。ベネフィットや悪影響に関して、まだ不確実な部分の多い技術を対象とする場合には、疑問や意見も多岐にわたることになり、こうしたやり方はとくに有効であり、必要であると思います。

第5章で報告したように、日本国内における規制のあり方については、2018年度に入ってから検討が急速に進み、一定の方向性が示されつつあります。標的となる遺伝子を切断し、それが自然修復される際に発生する変異を利用するタイプについては、規制の対象外、という方向です。ただ、規制の対象外となるタイプであっても、野外での使用に際しては、国は当面の

間、使用者に情報提供を求める、ということになっています。しばらく慎重に推移を見守り、必要に応じて規制のあり方を再検討する可能性もある、という状況にあると理解できます。

　その過程では、グループディスカッションで提起された数々の論点が、引き続き重要な参照点となるはずですし、必要に応じて、今回と同じような話し合いを、場所や参加者を広げつつ設けていくことも検討していくべきものと思われます。

　グループディスカッションの実施ならびに本書の執筆にご協力いただいた皆様に、厚くお礼申し上げます。

　24名の参加者の皆様には、今回のグループディスカッションに参加し、熱心に議論していただきました。各グループのファシリテーターは、有坂美紀さん、櫻木正彦さん、杉田恵子さん、舟見恭子さんに務めていただきました。

　本研究の構想や途中経過は、筆者の立川が代表を務め、三上が分担者として参加する科学研究費の研究会で随時報告したほか、一部のメンバーには本書の草稿をご検討いただくなどして、その都度、貴重なご助言を頂きました(松尾真紀子、三石誠司、山口富子、櫻井清一、大山利男、高橋祐一郎の各氏)。

　小林国之氏と吉田省子氏、ならびに両氏による「リスコミ職能教育プロジェクト」(北海道大学農学研究院)の皆様には、本研究の構想段階から実施後の結果分析に至るまで、折りに触れて、数々の貴重なご助言、ご示唆を頂きました。

　グループディスカッションに先立って加藤直子氏と前田忠彦氏が実施した、消費者・研究者対象のウェブアンケート調査には、筆者のひとりである立川も共同研究者として参加しました。そこで得られた知見は、グループディスカッションの実施や本書の執筆に生かされています。津田麻衣氏には、グループディスカッションの情報資料を本誌に所収するにあたり、ゲノム編集作物の専門家の立場から内容をチェックしていただき、表現が不正確、曖昧だった点などをご指摘いただきました。

ひつじ書房の松本社長には、このディスカッションの報告を、より多くの読者の目に触れるブックレットの形で公表することをご提案いただき、辛抱強く実現まで導いていただきました。

　本書および本書中で報告したグループディスカッションは、JSPS 科研費「農業におけるゲノム編集技術をめぐるガバナンス形成と参加型手法に関する研究」(JP16H04992 研究代表者：立川雅司)、JST 産学共創プラットフォーム共同研究推進プログラム (OPERA)「ゲノム編集」産学共創コンソーシアム(領域統括：山本卓)の一部です。

　2019 年 2 月

三上直之

立川雅司

[付録] グループディスカッションで使用した情報資料をそのまま再録しましたが、図1と図2については，著作権の関係により省略しました

ゲノム編集作物に関するグループディスカッション
情報資料

　この資料は、ゲノム編集作物に関する基本的な情報を手短にまとめたものです。グループディスカッションにご参加いただく前に、かならずご一読ください。ディスカッションでは、この資料の内容をふまえて、ゲノム編集作物についての意見や感想を他の参加者の方々とともに自由にお話しいただきます。

1　農作物の育種

　大昔から人類は、野生の植物の中に、人間や家畜が食べられるもの、生活に役立つ材料になるものを見つけ出し、利用してきました。自然界での突然変異や交雑などで生まれたすぐれた性質をもつ植物を選び出し、その種を取り、栽培することを繰り返してきたのです。近代になると、人為的な交配による品種改良が本格的に始まり、収穫量や可食部が多くて味もよい、そして病気にかかりにくく栽培しやすい品種が数多く生み出されました。

　植物だけでなく動物についても同じです。人間は、野生動物の中から有用なものを選び出して家畜化して繁殖させ、それらの品種改良を進めてきました。

　このように植物や動物を遺伝的に改良することにより、人間の役に立つ性質をもつ農作物や家畜を作り出すことを、**育種**といいます。育種は、素材となる野生の動植物を探し集めるところから始まります。その意味で人類は、農耕・牧畜を始めたときから育種を行ってきた、といえます。

　農作物の育種では、突然変異で生まれたすぐれた個体を選別したり、すでに有用な性質をもっているもの同士を交配させたりする方法が伝統的に用いられてきました。今日では放射線や薬剤を用いて突然変異を起こしたり、現在は栽培されていない古い品種のタネを集めて育種に用いたりする方法も使われています。

2　遺伝子組換え技術の登場と、育種への応用

　分子生物学の発展に伴い、生物の細胞の中にある遺伝情報の乗り物である

DNA を切り貼りし、別の種の生物の遺伝子を組み込む遺伝子組換え技術が、1960 年代から 70 年代にかけて生み出されました。この技術は、ヒトが必要とするタンパク質をつくる遺伝子を大腸菌に組み込んで効率的に生産させるなど、医薬品の製造にも広く用いられています。

　この技術を農作物の育種に応用したのが、**遺伝子組換え作物（GM 作物／GMO）**[1]です。ある作物が従来はもっていなかった遺伝子を外部から導入し、有用な性質をもつ品種をつくりだす画期的な育種の方法が登場したのです。

　遺伝子組換え作物の商業栽培は、1990 年代半ばから始まり、これまで約 20 年間で世界中での栽培面積は年々増加しています。国際アグリバイオ事業団（ISAAA）による 2016 年の統計では、米国やブラジル、アルゼンチン、カナダなど 26 カ国で、大豆やトウモロコシ、ワタ、セイヨウナタネなどが栽培されています。多くが、除草剤耐性や害虫抵抗性などの性質を付加された品種です。

　こうして世界的に広く栽培されるようになった遺伝子組換え作物ですが、別の種の生物に由来する遺伝子が組み込まれているという性格上、環境への影響や、食品としての安全性が懸念されてきました。遺伝子組換え作物については、従来の育種でつくられた品種にはない規制が設けられています。

　環境や生物多様性への悪影響を防ぐための国際的なしくみとして、動物も含む遺伝子組換え生物の取り扱いを定めたカルタヘナ議定書があります。この議定書に基づいて、日本では、遺伝子組換え生物の使用のための承認手続きを定めた法律（通称：カルタヘナ法）があります。カルタヘナ法のもとで、国内での栽培が認められた遺伝子組換え作物も多数あります（2017 年 12 月現在で、トウモロコシや大豆を中心に 133 品種の栽培が承認されています）。

　食品としての安全性を確保するための規制も各国にあります。日本の場合、食品安全基本法や食品衛生法に基づいて、国の食品安全委員会や厚生労働省による審査をパスしたもののみが輸入や流通、栽培を認められます。こうした安全性の確認を前提として、さらに消費者への情報提供をはかる目的で、遺伝子組換え作物が用いられた食品や、材料が分別されておらず遺伝子組換え作物が含まれる可能性がある食品には表示を義務づける制度も設けられています。

3　遺伝子組換え作物の問題点

　とはいえ、遺伝子組換え作物に対しては、食品としての安全性や、環境への悪

---

[1] GMO ＝ genetically modified organisms の略。

影響への消費者の不安は根強く、日本国内ではこれまでのところ、バラの花 1 品種を除いて商業栽培は行われていません。

　北海道は、遺伝子組換え作物に関する道民意識調査を数年に 1 度行っていますが、この調査にも消費者の不安が現れています。最新の 2014 年の調査では、遺伝子組換え作物の「食品としての安全性」と「自然や環境への影響」に関して、それぞれ 48.0％の人が「不安である」と答え、「やや不安である」も合わせると、いずれの観点でも 7 割を越す人が不安だと回答しました。

　全国の自治体の中には、遺伝子組換え作物の栽培に独自の規制をするところもあります。北海道でも、他の作物との交雑や混入などを防ぐことを目的として、遺伝子組換え作物の栽培を規制する条例が、全国に先がけて 2005 年に制定されました。カルタヘナ法の承認手続きや、食品としての安全性審査も経て、国の法律のもとでは栽培が認められた作物であっても、道内で商業栽培するためには、さらに知事の許可が必要となります。

　じつは、遺伝子組換え技術では、対象となる生物の DNA の具体的な場所にねらいを定めて、ピンポイントで遺伝子を導入するようなことができるわけではありません。食品としての安全性や、環境への影響への懸念と並んで、この点自体も遺伝子組換え作物のひとつの課題といえます。

　新たに遺伝子組換え作物をつくる際、よく用いられるのは次のような方法です。まず、組み込みたい遺伝子を他の生物（図 1 では微生物）などから取り出して運び屋役となる DNA の断片につなぎ合わせます。そして、これをアグロバクテリウムという細菌に導入し、対象となる植物をこの細菌に感染させ、目的の遺伝子が組み込まれることを目指します。

　遺伝子がうまく組み込まれるか、どこに組み込まれるかは基本的に偶然に委ねられます。遺伝子の組み込まれる位置によっては、元の作物の生存や重要な性質にとって欠かせない遺伝子を傷つけてしまう可能性もあります。遺伝子組換え作物の開発の過程では、多数生み出される組換え体の中から、目的の遺伝子がうまく導入できて、実際に使用できるものを選別する作業が必要で、その作業に数年かかることも珍しくありません。伝統的な育種のやり方に比べると格段に効率が上がったとはいえ、遺伝子組換え技術にも限界がありました。

4　ゲノム編集作物

　1990 年代半ばになると、より高い精度で遺伝子の改変を行うことができる**ゲノム編集技術**が登場します。ゲノムとは、ある生物に必要な遺伝情報の一式の

図1　伝統的な育種法（一般育種）と遺伝子組換え

ことですから、遺伝子編集技術と呼んでもいいかもしれません。この技術によって、DNAの中の標的とする場所を切断できるハサミとなる制限酵素を細胞に導入し、遺伝子組換え技術に比べて高い精度で遺伝子の改変を行うことができるようになりました。とくに、スウェーデンと米国の研究者が開発した「クリスパー・キャス9（ナイン）」と呼ばれる技術は、切断する遺伝子の場所を探し出す案内役の分子とハサミで構成されますが、その取り扱いやすさから、2012年に登場するとすぐに、世界中の研究室へ普及しました。いまやゲノム編集は、遺伝子疾患の治療など医療分野への応用も期待される、もっとも注目すべき先端生命技術のひとつとなっています。

　このゲノム編集技術を農作物の育種に応用したのが、今回の主なテーマとなる**ゲノム編集作物**です。遺伝子組換えや伝統的な育種の手法では数年から10年以上もの時間が必要とされた新たな品種を、数カ月でつくれるようになりました。まだ研究開発の途上にあって、実用化されたものはほとんどありません。

　ゲノム編集技術では、遺伝子改変を高い精度で行うことができ、遺伝子組換え技術よりも効率的に、外来の遺伝子を標的とした場所に組み込むことができます。しかも、農作物のゲノム編集の場合、外来の遺伝子を導入するのではなく、対象となる作物の特定の遺伝子をただ破壊するだけのやり方が用いられることも少なくありません（図2）。たとえば、特定の酵素が働かないようにすることで栄養成分の組成を変えたり、作物の生長に害を及ぼす病原菌が好むタンパク

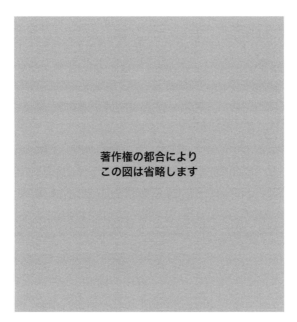

図 2　ゲノム編集による遺伝子の改変のイメージ

質が生成されないようにしたりといった改変が行われます。つまり、ゲノム編集作物では多くの場合、他の種の遺伝子を組み込むことなく、これらの有用な性質をもつような遺伝的改変がなされることが期待できます[2]。

これまでにゲノム編集を使って開発された作物としては、イネ（籾の数量の増加や、有用成分の増加）や、トマト（有用成分の増加や種なし、果実の登熟抑制）、セイヨウナタネ（有用成分の増加）、ジャガイモ（除草剤耐性）などがあります。

以上のように、ゲノム編集作物は、多くの場合、外部からの遺伝子導入をする

---

[2] ゲノム編集作物においても、少なくとも現状では、案内役の分子とハサミを目的の生物に導入する際には、遺伝子組換え作物と同様にアグロバクテリウムという細菌を使うのが一般的です。案内役とハサミをつくる DNA をこの細菌に導入して作物に感染させますので、遺伝子の改変が成功した後も、作物の細胞にはこの DNA が残ります。外来の遺伝子が組み込まれているという意味では、このままでは遺伝子組換え作物だということになってしまいます。そこで、交配によってこの DNA が含まれない個体を選別して、最終的な製品となる品種には外来遺伝子が入っていない状態にする、というやり方が用いられています。また最近では、DNA の断片を使わずに、案内役とハサミを直接細胞に導入する方法も開発されてきています。こうして外来の遺伝子を導入せずに、もしくは少なくともその痕跡を残すことなしに、遺伝子の改変を行うことができるようになっているのです。この点は、ゲノム編集作物を遺伝子組換え作物と同じような枠組みで規制する必要があるかどうかを考えるうえでポイントとなります。

ことなく、しかも高い精度で効率よく遺伝子を改変して、有利な性質をもった品種を実現できる可能性があります。複数の遺伝子改変を同時にひとつの作物に導入することもできます。遺伝子組換え作物と比べても大きなメリットがあることは間違いありません。

5　ゲノム編集作物の課題

　その一方で、ゲノム編集技術にも課題があります。そのひとつとして、オフターゲット変異というものがあります。これは、改変の標的（ターゲット）となる遺伝子以外に、それとよく似た配列の遺伝子があると、そのDNAを間違って切断し、望まない変異を引き起こしてしまう場合があるという問題です。これにより意図しない異常タンパク質が生じ、アレルギーなどを引き起こす恐れがあることも指摘されています。

　そうした事態を避けるため、ゲノム編集した作物にオフターゲット変異が生じていないかを検査する必要性も指摘されています。しかし、オフターゲット変異が「ない」と断定できるまで調べ上げることは、簡単ではありません。一方で、ゲノム編集で作物に導入するような変異は、多くの場合、オフターゲット変異も含めて、自然界での突然変異や、薬剤や放射線で変異を誘発する従来の育種技術でも起こりうるものだから、あえて検査を義務づける必要はないという考え方もあります。

　食品としての安全性や、環境への影響といった観点で、ゲノム編集作物に対して、従来の遺伝子組換え作物のような規制が必要かどうか、また規制が必要だとすればどのようなしくみとすべきかについて、日本では方針が固まっていません。日本の環境省は、現行のルールに基づいてケースバイケースで判断するとしていますが、公に具体的な判断が下されたケースはまだありません。

　諸外国では、新たな規制の必要があるかどうか検討が進んでいるところもあります。たとえば米国農務省は、現行法に基づいて個別の作物ごとに対応しており、クリスパー・キャス9を含むゲノム編集技術を用いてつくられた一部の作物について、すでに規制対象外であるという判断を示しています。またアルゼンチンは、ゲノム編集作物であっても、他の生物に由来する遺伝子が含まれていなければ、遺伝子組換え作物規制の対象外とするという方針を決めました。

　他方、ニュージーランドでは、企業と環境省との間での訴訟を経て、ゲノム編集作物は、かりに他の生物の遺伝子を含まないとしても、遺伝子組換え作物と同様の規制の対象となるという規制改正が行われています。

米国やアルゼンチンとニュージーランドとの対応の違いは、最終的にできあがるゲノム編集作物の中に外来遺伝子が残っているかどうかで判断するか、それともゲノム編集作物を開発するプロセスでの遺伝子改変の有無にまで着目するか、というところからきているといえます。国内外の行政関係者や専門家、NGO（非政府組織）の間では、ゲノム編集作物を遺伝子組換え作物のように規制すべきか、それとも特別な規制は必要ないのかをめぐって、活発な議論が繰り広げられています。

◆規制が必要という意見　ゲノム編集技術は、DNAに対する意図的操作が高度化された技術であって、基本的に遺伝子組み換え技術と同じだ、というのが、この立場の基本的な考え方です。外来遺伝子が入っていなくても形質は変化しているのだから、新しくつくられた作物の生態系への影響は予測できず、きちんと評価しなければならない、という点も強調されます。ゲノム編集技術によって、従来の育種法よりも遺伝的変化の速度が格段に高まるわけだから、慎重に対応しなければならないという主張です。

◆特別な規制は必要ないという意見　この立場の主張が依拠するのは、ゲノム編集作物の多くは、遺伝子組換え作物とは違って外来遺伝子が導入されておらず、DNAの一部が欠失したり置き換わったりしているだけだ、という点です。従来の育種でも、時間はかかるかもしれませんが、同じものを育成できる可能性があるわけだから、規制は不要だし、場合によっては規制すべきでないとすら主張されることもあります。開発者が申告しなければ、遺伝子の変化がゲノム編集によるものか、自然の突然変異や従来の育種法によるものなのか区別できない以上、規制は実効性をもたないとの指摘もあります。

　今後日本でも、ゲノム編集作物の規制について、どのような考え方に基づいて、どのような対応をしていくべきか、消費者も含めた幅広い関係者の議論を通じて判断すべきタイミングがくるものと思われます。

6　話し合っていただきたい論点

　以上の情報をふまえて、今回のグループディスカッションでは次のようなポイントを中心に、ゲノム編集作物について自由に話し合ってください。議論の進行は、進行役のファシリテーターがお手伝いします。

◇

（1）ゲノム編集作物には、どのような可能性や問題点があると感じますか。ご自身の生活や、社会全体への影響など、さまざまな観点からお話しください。とくに、将来的にゲノム編集作物が市場に出回ることがあるとして、ご自身やご家族がそれらを食べることについてどのように思いますか。

（2）日本では、ゲノム編集作物に対して、食品としての安全性や、環境への影響といった観点から、遺伝子組換え作物と同じような規制をすべきでしょうか、それともそのような規制は必要ない、もしくはすべきではないでしょうか。

（3）北海道には現在、遺伝子組換え作物の栽培を規制する独自の条例があります。ゲノム編集作物の北海道内での試験栽培や商業栽培について、今後どのように対応していくべきだと思いますか。

◇

グループの中で合意を図ったり、意見をとりまとめたりする必要はありません。ご自分の意見を率直にお話しいただき、また異なる意見にもよく耳を傾けてみてください。また、話し合いの途中で意見が変わってもまったく構いません。意見の変化も含めて、ぜひ積極的にお話しいただければと思います。

［参考文献］ この情報資料の作成にあたって次の文献を参考にしました。
石井哲也『ゲノム編集を問う：作物からヒトまで』岩波新書，2017 年.
NHK「ゲノム編集」取材班『ゲノム編集の衝撃：「神の領域」に迫るテクノロジー』NHK 出版，2016 年.
くらしとバイオプラザ21「新しい育種技術（New Plant Breeding Techniques, NBT）とは」（http://www.nbt-japan.com/docs/index.html）2018 年 2 月 15 日閲覧.

ゲノム編集作物に関するグループディスカッション 情報資料

発行 2018 年 2 月 26 日
執筆 三上直之（北海道大学 高等教育推進機構）
　　　　立川雅司（名古屋大学 大学院環境学研究科）

＊本資料は、科学研究費基盤研究(B)「農業におけるゲノム編集技術をめぐるガバナンス形成と参加型手法に関する研究」（代表・立川雅司）の一環として作成しました。無断転載を禁じます。

著者紹介

三上直之（みかみ　なおゆき）［はじめに・第 2 章・第 3 章・第 5 章・あとがき担当］
北海道大学高等教育推進機構准教授
　［主な著作］『地域環境の再生と円卓会議：東京湾三番瀬を事例として』日本評
論社・2009 年、『萌芽的科学技術と市民：フードナノテクからの問い』日本経済
評論社・2013 年（共編著）
　［専門領域］環境社会学、科学技術社会論

立川雅司（たちかわ　まさし）［第 1 章・第 4 章・第 5 章・コラム担当］
名古屋大学大学院環境学研究科教授
　［主な著作］『遺伝子組換え作物をめぐる「共存」：EU における政策と言説』農
林統計出版・2017 年、『萌芽的科学技術と市民：フードナノテクからの問い』日
本経済評論社・2013 年（共編著）、『食と農の社会学：生命と地域の視点から』
ミネルヴァ書房・2014 年（共編著）
　［専門領域］社会学、科学技術社会論

「ゲノム編集作物」を話し合う

Deliberating on Genome-edited Crops

Mikami Naoyuki and Tachikawa Masashi

発行	2019 年 3 月 20 日　初版 1 刷
定価	1400 円＋税
著者	ⓒ 三上直之・立川雅司
発行者	松本功
装丁者	萱島雄太
組版所	株式会社 ディ・トランスポート
印刷・製本所	株式会社 シナノ
発行所	株式会社 ひつじ書房
	〒 112-0011 東京都文京区千石 2-1-2　大和ビル 2 階
	Tel.03-5319-4916　Fax.03-5319-4917
	郵便振替 00120-8-142852
	toiawase@hituzi.co.jp　http://www.hituzi.co.jp/

ISBN978-4-89476-981-6

造本には充分注意しておりますが、落丁・乱丁などがございましたら、
小社かお買上げ書店にておとりかえいたします。ご意見、ご感想など、
小社までお寄せ下されば幸いです。

［刊行書籍のご案内］

市民の日本語へ　対話のためのコミュニケーションモデルを作る
村田和代・松本功・深尾昌峰・三上直之・重信幸彦著　　定価 1,400 円＋税

『市民の日本語』での加藤哲夫氏の議論を継承し、民主主義の基盤となる対話や話し合いをどう生み出し、育てていくかの議論。衆議という新しい話し合いの方法を問う三上直之（北海道大学、社会学）、ビジネス会議の談話分析と市民活動の会話分析を行う村田和代（龍谷大学、言語学）、NPO を運営し、社会を変える社会活動家である深尾昌峰（龍谷大学、京都コミュニティ放送副理事長）、地方都市福岡の街の商売人のことばから、ことばについて考える重信幸彦（歴史民俗博物館客員教授、民俗学）に加え、ひつじ書房主松本らによる問いかけの書。

[刊行書籍のご案内]

シリーズ　話し合い学をつくる

1　市民参加の話し合いを考える
村田和代編　　定価 2,400 円＋税

まちづくりの話し合いやサイエンスカフェ、裁判官と裁判員の模擬評議など、専門的知見を持たない市民と専門家が意見交換や意思決定をする「市民参加の話し合い」を考える。話し合いの場で行われる言語や相互行為に着目したミクロレベルの研究から、話し合いによる課題解決・まちづくりをめぐる話し合いの現場での実証研究や話し合い教育をめぐる研究まで。
執筆者：福元和人、高梨克也、森本郁代、森篤嗣、唐木清志、馬場健司、高津宏明、井関崇博、三上直之、西芝雅美　座談会：村田和代、森本郁代、松本功、井関崇博、佐野亘

2　話し合い研究の多様性を考える
村田和代編　　定価 3,200 円＋税

多領域からの研究・実践報告や議論を通して、「共創」を実現するための「話し合いのモデル」と、それを基調とする「社会・制度・政策のあり方」を探求する「話し合い学」の構築をめざす。
執筆者：村田和代、井関崇博、森篤嗣、杉山武志、青山公三、加納隆徳、田村哲樹、荒川歩、小宮友根、土山希美枝、篠藤明徳、坂野達郎、佐野亘

[刊行書籍のご案内]

会話分析の基礎

高木智世・細田由利・森田笑著　　定価 3,500 円＋税

会話分析は、日常会話の詳細な分析により、社会的な相互行為の秩序を明らかにすることを目的として社会学から生まれた学問分野である。近年その研究方法を言語学や言語教育学の分野で用いようとする試みも増えている。本書は、そうした状況を踏まえて、相互行為としての会話を分析する際の視点や会話分析が目指すものをわかりやすく解説し、豊富な事例と各章末の課題を通して会話分析の基礎を学べるようにした入門書である。

会話分析の広がり

平本毅・横森大輔・増田将伸・戸江哲理・城綾実編　　定価 3,600 円＋税

会話分析は近年、幅広い分野にまたがって発展を遂げ、扱う研究主題は目覚ましい広がりをみせている。本書は、それら新たな研究主題──多様な連鎖組織、相互行為言語学、相互行為における身体、フィールドワークとの関係、行為の構成、認識的テリトリー、多言語比較など──の展開を具体的な分析事例とともに概説し、会話分析の向かう先を展望する。

執筆者：串田秀也、城綾実、戸江哲理、西阪仰、林誠、早野薫、平本毅、増田将伸、横森大輔

相互行為におけるディスコーダンス　　言語人類学からみた不一致・不調和・葛藤

武黒麻紀子編　　定価 3,200 円＋税

協調・調和ではないコミュニケーションのあり方を探るべく、不一致・不調和・葛藤を意味するメタ概念「ディスコーダンス」を新たな尺度として提案する。言語人類学の理論的視座を軸に、ディスコーダンスの理論的考察と、異文化、オンライン、儀礼、メディア翻訳がかかわる場面の分析から社会科学的な洞察を展開する論文集。

執筆者：浅井優一、荻原まき、小山亘、杉森典子、砂押ホロシタ、武黒麻紀子、坪井睦子、野澤俊介、山口征孝